U0856632

名家
心灵小语
系列

名家
心灵小语
系列

走出逆境的一句话：
不怕失败的人生语录

[台湾] 简 大为×编著

海天出版社（中国·深圳）

图书在版编目（CIP）数据

走出逆境的一句话 ：不怕失败的人生语录 / 简大为编著. — 深圳 ：海天出版社，2015.10
（名家心灵小语系列）
ISBN 978-7-5507-1331-4

Ⅰ. ①走… Ⅱ. ①简… Ⅲ. ①成功心理－通俗读物 Ⅳ. ①B848.4-49

中国版本图书馆CIP数据核字(2015)第052587号

图字：19-2015-159号
本书中文繁体字版本由城邦文化事业股份有限公司电脑人文化/创意市集在台湾出版，今授权深圳市海天出版社有限责任公司在中国大陆地区出版其中文简体字平装本版本。该出版权受法律保护，未经书面同意，任何机构与个人不得以任何形式进行复制、转载。
项目合作：锐拓传媒copyright@rightol.com

走出逆境的一句话：不怕失败的人生语录
Zouchu Nijing De Yijuhua：Bupa Shibai De Rensheng Yulu

出 品 人　聂雄前
责任编辑　林凌珠 许全军
责任校对　岑诗楠
责任技编　梁立新
装帧设计　知行格致

出版发行　海天出版社
地　　址　深圳市彩田南路海天综合大厦7-8层（518033）
网　　址　http：//www.htph.com.cn
订购电话　0755-83460202(批发) 83460239(邮购)
设计制作　深圳市知行格致文化传播有限公司　Tel：0755-83464427
印　　刷　深圳市新联美术印刷有限公司
开　　本　889mm×1194mm 1/32
印　　张　6.75
字　　数　95千字
版　　次　2015年10月第1版
印　　次　2015年10月第1次
印　　数　1-4000册
定　　价　35.00元

海天版图书版权所有，侵权必究。
海天版图书凡有印装质量问题，请随时向承印厂调换。

目录

CHAPTER 1
迎向成功的首要条件：勇于做梦，怀有热情，坚持信念

能够成功，是因为勇于做梦 / 002
发挥热情，破除障碍 / 004
坚定的信念就是最强大的武器 / 006
致力于提升自我价值 / 008
拥有信念比光靠兴趣来得更持久 / 010
高目标才有高成就 / 012
满怀热情的无悔奉献 / 014
审慎判断，集中火力 / 016
活出自己的人生 / 018
从满足感中获得成就 / 020
精益求精 / 022
只要你想，未来无限 / 024
做好准备，建立自信 / 026
拥有希望，便足以激励人生 / 028
唯有怀抱理想，才有美好未来 / 030

太在意他人眼光将招致失败 / 032
无论面对什么，都要有必胜信念 / 034
有想法与热情最重要，其次才是能力 / 036

CHAPTER 2
迎向成功的必要准备：满怀创意，掌握机会，勇于冒险

乐观的力量 / 040
面对危险，就不怕它 / 042
机会自己创造 / 044
天助自助者 / 046
要跨出去才知道自己的能耐 / 048
不行动，风险更大 / 050
跳脱窠臼，开创新局 / 052
冒险才有契机 / 054
与其守成，不如勇于开拓 / 056
要会分析，也要有胆识 / 058
从谷底反弹 / 060
动手战胜恐惧 / 062

机会藏在问题里 / 064

要赢就要敢冒险 / 066

重职责、尽义务、负责任 / 068

原创性至上 / 070

主动迎向困难 / 072

CHAPTER 3
迎向成功的关键：下定决心，积极行动，专心致志

努力实现天分 / 076

知道还要做到 / 078

习惯造就卓越 / 080

把握每一刻 / 082

别沉溺于已逝的成功 / 084

耐心专注，成功有谱 / 086

踏实引来成功 / 088

努力于当下 / 090

坚持到最后一秒 / 092

汗水带来幸运 / 094

动手就是答案 / 096
不做比做错还糟 / 098
卓越造就成功 / 100
好东西得靠自己争取 / 102
多加把劲 / 104
贯彻决心，付诸实行 / 106
先发制人，主动改变 / 108
步步为营，稳扎稳打 / 110
该做就做，无关心情 / 112
速度为王，小可搏大 / 114
今天就动手 / 116

CHAPTER 4
迎向成功的必备心态：谨慎，省思，准备

宁早勿晚 / 120
反省以求提升 / 122
平稳累积成果 / 124
时时认真，做好准备 / 126

做好各种盘算 / 128
严以律己 / 130
挺进下一个目标 / 132
找对目标再用力 / 134
态度决定高度 / 136
反求诸己 / 138
胜利愈近，愈要小心 / 140
挑毛病也得找答案 / 142
要怎么收获，就先怎么栽培 / 144
善用时间 / 146
成就由小事开始 / 148
循序渐进，一气呵成 / 150
分清卓越与胜利 / 152
小输换大赢 / 154
勿本末倒置 / 156
成功无秘诀 / 158
先学走再学飞 / 160

CHAPTER 5
迎向成功的试炼：面对挫折，迎向挑战，适应变化

凸显个人价值 / 164

承认错误，奋勇再战 / 166

累积成功的能量 / 168

成就非关运气 / 170

胜利是累积的成果 / 172

勇于尝试，不怕没成果 / 174

自己的路自己开 / 176

横逆造就力量 / 178

黑暗，就自己点蜡烛 / 180

多试一次 / 182

要吃苦，趁年轻 / 184

忍耐的果实最甜 / 186

化阻碍为能量 / 188

成功的另一条路 / 190

多方设想，破除难题 / 192

困难中见潜力 / 194

宁败不屈 / 196

不要直接放弃 / 198

适者生存 / 200

CHAPTER 1

迎向成功的首要条件：勇于做梦，怀有热情，坚持信念

有梦想，才有源源不绝的动机与力量，去克服万难；一个有信念的人所发挥出来的力量，可以和九十九个光有兴趣而无坚定信念的人匹敌。

只有忠于自己心中最初始的期许，才能灌注最多的心力、达成最好的成果。面对可能到来的灾难，仍要保持自己的希望与信心，因为有希望就有未来！

能够成功，是因为勇于做梦

“梦想成真的秘诀，可以浓缩为四个‘C’：好奇、信心、勇气以及一致性。其中最重要的就是信心，如果你相信一件事，就要全面地、绝对地、毫无怀疑地深信它。”

Walt D. Disney

——华特·迪士尼

“The secret of making dreams come true can be summarized in four C's.They are curiosity, confidence, courage and constancy, and the greatest of these is confidence. When you believe a thing, believe it all the way, implicitly and unquestionably.”

华特·迪士尼（1901 ~ 1966）是美国电影制片、导演、编剧及动画制片，并与三哥洛伊·迪士尼（Roy O. Disney）一起成立制片公司，1986 年更名为华特迪士尼公司（The Walt Disney Company）。

华特从小就爱涂鸦，曾任电影广告公司的动画师，后来尝试过自制卡通片，但因经营不善而破产。在懂得财务管控规划的洛伊·迪士尼与他合作后，状况才渐渐趋于稳定。1928 年，该公司推出全球第一部有声动画片《汽船威利》（*Steamboat Willie*），反应空前热烈，片中吹着口哨的主角米老鼠，就此成为家喻户晓的经典动画人物。其后的《白雪公主》《木偶奇遇记》《小飞象》《小鹿斑比》等动画片，都有不错的票房。

1940 年代，华特便设计过迪士尼乐园的草图。后来华特花了五年构想第一座迪士尼乐园，也就是后来的“加州迪士尼乐园”（Disneyland），并于 1955 年正式对外开放，一年内便突破千万游客量。华特去世后，洛伊接手规划佛罗里达州的迪士尼乐园，后命名为“神奇王国”（Magic Kingdom Park），目前与在佛州新建的其他设施合称为“华特迪士尼世界”（Walt Disney World）。在迪士尼旗下，目前还有法国的“巴黎迪士尼乐园”（Disneyland Paris），以及 2005 年落成的“香港迪士尼乐园”和 2009 年的“上海迪士尼乐园”。东京的两座迪士尼乐园则是以授权方式经营。

虽然在第二座迪士尼乐园落成前，华特就已经不在世了，但他生前就已经预见乐园落成后，孩子们游玩其中的画面。正因为他有梦想，才有源源不绝的动机与力量，去克服万难、创造迪士尼王国！

金句补给站 ▶ 如果你有梦想，你就做得到。别忘了迪士尼的一切都是由一个梦想与一只老鼠开始的。

—— 华特·迪士尼

“If you can dream it, you can do it. Always remember that this whole thing was started with a dream and a mouse.”

— Walt D. Disney

发挥热情，破除障碍

“你必须找到一件自己喜爱而能够为它冒险的事，然后翻越挡在你面前的障碍，击破挡在你眼前的砖块。如果你对于自己正在做的事没有这种感觉，你会在遇见第一个大困难时就停下。”

George Lucas

——乔治·卢卡斯

“You have to find something that you love enough to be able to take risks, jump over the hurdles and break through the brick walls that are always going to be placed in front of you. If you don’t have that kind of feeling for what is you are doing, you’ll stop at the first giant hurdle.”

乔治·卢卡斯（1944 ~ ）是电影《星球大战》（*Star Wars*）的编剧和导演，也是美国著名制片人，以《星球大战》一片开启了科幻电影新纪元，计划推出的九部系列作已推出六部，预计 2015 年将推出第七部。2004 年，美国《福布斯》杂志估计他的身价约有 30 亿美元，一项 2012 年的研究估算，《星球大战》系列作的外围效益已高达 270 亿美元。

卢卡斯出生于美国加州，从小就是爱做梦的孩子，曾梦想成为赛车手。18 岁时，他开车出了车祸，人被弹出车外而受重伤，却幸运捡回一命，从此他认真思考自己的人生，投身电影。1977 年的《星球大战》，原本只有少数戏院勉为其难放映，几天后却大卖到两百多家，部分戏院一年后还在上映。其后每三年一部续集。《帝国反击战》（*The Empire Strikes Back*）与《武士复仇》（*Return of the Jedi*）虽非亲手执导，他仍担任编剧与制片人。1999 年起，由他亲自执导，同样三年一部的“星球大战前传三部曲”，即《幽灵的威胁》（*The Phantom Menace*）、《克隆人的进攻》（*Attack of the Clones*）、《西斯的复仇》（*Revenge of the Sith*）等片，再次掀起新高潮。

卢卡斯也有许多机会与同为名导演的好友史蒂文·斯皮尔伯格（*Steven Spielberg*）合作，《夺宝奇兵》（*Raiders of the Lost Ark*）、《夺宝奇兵 2》（*Indiana Jones and the Temple of Doom*）、《夺宝奇兵 3》（*Indiana Jones and the Last Crusade*）等“夺宝奇兵三部曲”，就是由卢卡斯制片，史蒂文·斯皮尔伯格执导的。看着银幕上的绝地武士挥舞着光剑与人类对峙时，可别忘了背后还有乔治·卢卡斯三十年来永不放弃的热情。

金句补给站 ▶ 成功就是在一次次失败之间仍保持你的热情。

——林肯，第 16 任美国总统

“Success is going from failure to failure without losing your enthusiasm.”

— Abraham Lincoln

坚定的信念就是最强大的武器

“怀抱信念作战，我们就有了双倍武装。”

Plato

——柏拉图

“We are twice armed if we fight with faith.”

柏拉图（前 427 ～前 347），是古希腊唯心主义哲学家暨数学家、教育家，始创了辩证法，是西方哲学史上将唯心主义哲学系统化的第一人。他师从苏格拉底（Socrates）研究哲学，也是亚里士多德（Aristotle）的老师，在哲学史上具有承前启后的地位。他撰写了近四十篇“对话体”著作，包括《理想国》（*Republic*）、《会饮篇》（*Symposium*）、《政治家篇》（*Statesman*）、《法律篇》（*Laws*）等。

柏拉图出生于雅典城邦衰落的时期，名门望族出身，幼时接受良好教育。据说柏拉图的原姓是阿里斯托克勒（Aristocles），因体格强壮敦实、前额宽广，才被人命名为“柏拉图”，有“宽广”之意。柏拉图认为哲学家应该是政治家，政治家也应该是哲学家，哲学应该学以致用实践出来，有政权的人也应该拥有哲学头脑。他曾三度到西西里岛与叙拉古（Syrause）统治者打交道，希望落实哲学家政治的理念，但都以失败收场。

当苏格拉底惨遭诬陷而被处死后，万念俱灰的柏拉图到埃及、西西里岛等地游历，考察各地制度，并在公元前 387 年回到雅典，创办欧洲史上第一所高等教育机构“柏拉图学园”（Plato's Academy）。后世的“高等学术机构”一词即由此而来。该学园前后维持九百多年，直到东罗马帝国的查士丁尼大帝下令关闭为止。柏拉图曾亲自讲学长达四十年，直至去世。在数学上，柏拉图受到毕达哥拉斯学派的影响，学园门口还挂着写有“不懂几何者不得入内”的牌子。

柏拉图这句话旨在强调信念的重要，如果对自己在做的事情没信心，就等同于不战先败，更谈不上成功了。有了坚定信念的支持，才能战无不胜、攻无不克。

金句补给站 ▶ 任何工作在开头的地方最重要。

——柏拉图

“The beginning is the most important part of the work”

— Plato

致力于提升自我价值

“我们该决定的是自己如何能变得更有价值，而非自己的价值有多高。”

F. Scott Fitzgerald

——弗朗西斯·斯科特·菲茨杰拉德

“What we must decide is how we are valuable rather than how valuable we are.”

菲茨杰拉德（1896 ~ 1940）是 20 世纪美国小说家，也是爵士年代（即 1920 年代，美国历史上一个纵情享乐、消费至上的年代）的代表作家。他的成名作为《人间天堂》（*This Side of Paradise*），另著有《美丽与毁灭》（*The Beautiful and Damned*）、《了不起的盖茨比》（*The Great Gatsby*）、《夜色温柔》（*Tender is the Night*）三部长篇小说及多部短篇小说。

菲茨杰拉德出生于美国明尼苏达州的圣保罗市，曾就读常春藤名校普林斯顿大学，当时就很热衷写作。他尚未毕业便辍学从军，投入第一次世界大战。他生怕自己无法活着回来，受训时就写了作品。出版社虽然觉得不错，却没有帮他出版。

1920 年，菲茨杰拉德出版《人间天堂》一书，一夕成名。该书借一群生长在爵士年代的年轻人表达对旧传统的抗拒。1922 年，他又出版第二本著作《美丽与毁灭》，描写一味追求物质，生活糜烂，终致毁灭的富家子弟夫妇。1925 年的杰作《了不起的盖茨比》陈述一个美国中西部的穷小子，为追求爱人而到繁华的东部努力奋斗，最终成为大亨的故事。等到他认为自己有资格邀请那名女子相见时，才发现对方只是虚荣肤浅的女子。主角的赤子之心与努力，反衬出当时美国社会逐渐趋于浮华与堕落的现象。

菲茨杰拉德这句话很有意思，自己有多少价值不是自己说了就算，而是要努力去让自己变得有价值，再在客观环境中证明出来。如果只想着自己目前的价值已经有多高，那么永远只会原地踏步，不会有进步空间。

金句补给站 ▶ 天才是一种能把脑中所想付诸实行的能力。

—— 菲茨杰拉德

"Genius is the ability to put into effect what is on your mind."

— F. Scott Fitzgerald

拥有信念比光靠兴趣来得更持久

“一个有信念的人，抵得上由九十九个只有兴趣的人所组成的大军。”

John Stuart Mill

——约翰·斯图尔特·穆勒

“One person with a belief is equal to a force of ninety-nine who have only interests.”

穆勒（1806 ~ 1873）是 19 世纪英国哲学家、政治理论家暨经济学家，他倡导自由与效益主义（又称功利主义，Utilitarianism），也是古典经济学者。著有《功利主义》（*Utilitarianism*）、《论自由》（*On Liberty*）、《逻辑体系》（*A System of Logic*）、《约翰·穆勒自传》（*Autobiography*）、《妇女的屈从地位》（*The Subjection of Woman*）等书。

穆勒出生于伦敦，从小接受父亲的严格教育。他 3 岁学习希腊文，8 岁学习拉丁文、代数和几何。14 岁时，他又到法国学习化学、植物学和高等数学，并精通法语。他曾服务于东印度公司，1843 年出版《逻辑体系》一书让他声名大噪。

穆勒是效益主义的倡导者，也就是行事与抉择，都从公众而非自我的角度出发，考量的是公众利益，寻求的是最多人的最大效益。在 1859 年的代表作《论自由》里，他提出无论政府或个人，都不应限制他人言论。穆勒也主张妇女要有选举权，他在 1869 年出版的《妇女的屈从地位》一书中挑战“女性天职属于家庭”的看法，认为应赋予女性参与政治的权利、消除男女间的不平等，否则将阻碍人类进步。两性只有在法律、政治和社会各层面完全平等，才能为人类社会创造出自由民主的条件。

穆勒这句话意在强调信念的力量。一个有信念的人所发挥出来的力量，可以和九十九个光有兴趣而无坚定信念的人匹敌。兴趣是松散的，可能依心情而时有时无；信念则是持续的，会在必要时刻起决定性作用。

金句补给站 ▶ 你认为自己做得到，你就做得到；你认为自己做不到，你就做不到。这是无可改变、不容争论的法则。

——毕加索，西班牙著名画家

“He can who thinks he can, and he can't who thinks he can't. This is an inexorable, indisputable law.”

— Pablo Picasso

高目标才有高成就

“想伸手摘星，即使徒劳无功，也不致落得满手污泥。”

Leo Burnett

——李奥·贝纳

“When you reach for the stars, you may not quite get one, but you won’t come up with a handful of mud either.”

李奥·贝纳（1891 ~ 1971）是广告界宗师级人物，他协助万宝路（Marlboro）香烟改头换面成为畅销品牌。他在 1935 年成立李奥贝纳公司，当时只有 8 个人，目前已成为全球十大广告集团之一，在 84 个国家共有 102 个办公室。2002 年，李奥·贝纳并入法国的全球第四大媒体集团阳狮集团（Publicis Groupe），继续在全球广告界活跃。

李奥·贝纳出生于美国密歇根州，曾任记者。他最为人熟知的故事，是为万宝路打造出新品牌形象。1955 年以前，万宝路在美国的市占率连 0.25% 都不到，品牌形象是时髦女性手持香烟的优雅姿态，现在的万宝路则是男性象征。改变的契机就是李奥·贝纳所设计的一个以牛仔为代言形象的新广告。后来，猎人、园丁、水手或飞行员都曾成为万宝路的广告主角，而且手背上都有陆军标志的刺青，塑造出“有男子汉的地方，就有万宝路”的形象。才 8 个月时间，万宝路就蹿升为畅销品牌，销售率成长达 5000%，到 1976 年更挤下云斯顿（Winston）成为全球最畅销的香烟品牌。此外，家乐氏（Kellogg's）的卡通形象老虎东尼（Tony Tiger），以及玉米罐头的绿巨人（Jolly Green Giant），也都是他一手打造出来的。

李奥·贝纳擅长撰写简洁有力的广告文案，他经常从生活中找寻富有创意的只字词组。每次他一听到感动的词汇，就会马上记下来，再摘要分享给同事们，激发他们的创意。

这则有关“摘星”的金句是他的名言之一。只有把目标设得高一点，才可能把自己的潜能发挥到最大。伸手摘星虽然未必一定摘得到，但若直接放弃，你就只能抓地上的泥巴玩了。

金句补给站 ▶ 所有梦想都能成真，只要我们有勇气去追求。

——华特·迪士尼，迪士尼公司的创始人

“All our dreams can come true, if we have the courage to pursue them.”

— Walt D. Disney

满怀热情的无悔奉献

“每当我尝试做一件事时，我都会全心全意去做好它；每当我奉献自己做某件事时，我都会无怨无悔奉献到底；无论是大目标或小目标，我总是怀抱满腔热情面对。”

Charles Dickens

——查理斯·狄更斯

“Whatever I have tried to do in life, I have tried with all my heart to do it well; whatever I have devoted myself to, I have devoted myself completely; in great aims and in small I have always thoroughly been in earnest.”

狄更斯（1812 ~ 1870）是19世纪英国最伟大的作家之一，共完成十四部长篇小说及多部中短篇小说，大幅描绘当时英国的社会现实。作品有《双城记》（*A Tale of Two Cities*）、《雾都孤儿》（*Oliver Twist*）、《大卫·科波菲尔》（*David Copperfield*）、《美国纪行》（*Dickens' American Notes*）等。

狄更斯出生于英国中南部的普兹茅斯，曾当过律师行缮写员、议会通讯记者，后来才在杂志上发表文章、连载小说。1836年，他的第一部小说《匹克威克外传》（*The Pickwick Papers*）大受欢迎，开启了他三十多年的写作生涯。狄更斯很有悲天悯人的情怀和强烈的道德意识，常以写实手法揭露当时许多社会问题与人性黑暗。他的作品充满性格分明的角色与高潮迭起的情节，因而饱受读者喜爱。

他的名作《双城记》（*A Tale of Two Cities*）是以法国大革命为背景，描写发生于巴黎与伦敦两个城市中，贵族与平民对立的情节。书中真实传达出在那种环境下，人性深处最难能可贵的真情。狄更斯还写过描述孤儿奥立弗坎坷命运的《雾都孤儿》，描述丧父主角如何面对继父凌虐、与命运搏斗的《大卫·科波菲尔》，以及访美后回国所写的，对美国现状大肆批判的《美国纪行》等。

狄更斯小时因父亲负债入狱，致使他小小年纪就必须到工厂做苦工，因此他很能体会劳工阶级的生活与不幸。他经常深入描写市井小民的无奈与悲惨，引人共鸣。为写好流浪汉的角色，他还曾经假扮乞丐，在家门外向自己的女仆讨汤喝。如果要说这是他对完成写实作品的一股热情使然，绝不为过。

金句补给站 ▶ 少了热情就做不了大事。

——爱默生，美国思想家

"Nothing great was ever achieved without enthusiasm."

— Ralph Waldo Emerson

审慎判断，集中火力

“只有不知道自己在做什么的人，才需要分散投资。”

Warren E. Buffett

——沃伦·巴菲特

“Wide diversification is only required when investors do not understand what they are doing.”

巴菲特（1930 ~ ）是美国知名投资人，也是伯克希尔·哈撒韦（Berkshire Hathaway）投资公司董事长暨执行长。他素有“投资之神”“股神”之称，目前据估计有 535 亿美元的身价。在 2013 年《福布斯》杂志的全球富豪排行榜中，他位居第四。

巴菲特出生于美国内布拉斯加州，父亲曾是众议员，也曾从事股票经纪人的工作。11 岁时他首度买股，以每股 38 美元买入，涨到 40 美元时就卖出，结果该股票几年后涨到 200 美元。自此他懂得了长期投资的重要性。

巴菲特曾是另一投资高手本杰明·格雷厄姆（Benjamin Graham）的门徒，但青出于蓝胜于蓝，老师点名他为唯一接班人。后来他回到故乡创业，在亲友资助下，他只出 100 美元就成立了公司。1965 年，他买下传统纺织工厂，利用公司现金转投资。现在该公司已是有 28 万名员工、平均每年投资回报率超过 25% 的企业。

巴菲特有个原则是“只投资自己懂的产业与公司”，过去他坚持不投资自己不够了解的科技股，因此当 2000 年科技股泡沫化时，只有他安然无恙。他还有许多坚定遵守的投资原则，像是“长期持有”“不受市场影响”，以及从老师格雷厄姆身上学来的“安全边际”原则。安全边际是指，投资人不应随市场起舞，反而应该购买价格遭低估的股票，例如股价呈不合理下跌的绩优企业股票。他重视企业高级主管的操守、能力与奋斗精神，只要公司的内在价值还超过其股价，他就不会为了短期利益卖出股票。审慎判断而长期集中火力，正是巴菲特投资常胜的重要特质之一。

金句补给站 ▶ 你最好只买那些在股市休市十年之后还乐于持有它的股票。

——沃伦·巴菲特

“Only buy something you'd be happy to hold if the market shut down for 10 years.”

— Warren E. Buffet

活出自己的人生

“要是我在意别人怎么说的话，就不可能拥有过去这样的人生。”

Ingrid Bergman

——英格丽·褒曼

“I wouldn’t have lived my life the way I did if I was going to worry about what people were going to say.”

褒曼（1915 ~ 1982）是瑞典女星，曾七度获得奥斯卡提名，获得一次最佳女配角及两次最佳女主角奖，以及四次金球奖、两次艾美奖。她的代表作是 1942 年获得奥斯卡最佳影片、导演以及改编剧本三项大奖的《卡萨布兰卡》（*Casablanca*）。此外她还演出《煤气灯下》（*Gaslight*）、《圣女贞德》（*Joan of Arc*）、《真假公主》（*Anastasia*）、《秋天奏鸣曲》（*Autumn Sonata*）等近五十部电影作品。

褒曼出生于瑞典首都斯德哥尔摩，两岁丧母、十二岁丧父，后由亲戚抚养长大。童年的孤寂使沉浸于个人幻想的她产生对表演的浓厚兴趣。她曾进入斯德哥尔摩皇家剧院研习，于 1934 年首度演出电影《门克桥的伯爵》中的女仆一角。后来美国制作人注意到她，引介她前往好莱坞。1942 年，她代替不克演出的原定女主角主演以第二次世界大战时的摩洛哥为背景的爱情电影《卡萨布兰卡》，一炮而红。隔年她主演海明威原著的《丧钟为谁而鸣》（*For Whom the Bell Tolls*），首度获奥斯卡提名。1944 年，她以《煤气灯下》一片夺得金球奖与奥斯卡双料影后，1956 年再以《真假公主》二度夺得奥斯卡最佳女主角。1974 年，她演出推理小说家阿加莎·克里斯蒂的《东方快车谋杀案》（*Murder on The Orient Express*），再赢得一座奥斯卡最佳女配角。她生前最后一部电影是 1978 年的《秋天奏鸣曲》，描述垂死钢琴师和疏离女儿间的感人故事。

褒曼这句话点出许多人很容易碰到的状况：受到父母亲友的期许或批评的影响而去追求未必是自己最想达成的目标。只有忠于自己心中最初始的期许，才能灌注最多的心力、达成最好的成果。

金句补给站 ▶ 父母教过我许多事，别去管他人的期待是其中之一。你应该过自己的生活，为自我期许而活。

—— 老虎伍兹，美国高尔夫球手

"One of the things that my parents have taught me is never listen to other people's expectations. You should live your own life and live up to your own expectations"

— Tiger Woods

从满足感中获得成就

“对那些无法真正对自己的工作感到兴奋的人，我觉得很惋惜。他们不但永远得不到满足，也永远无法有任何大成就。”

Walter Chrysler

——沃尔特·克莱斯勒

“I feel sorry for the person who can't get genuinely excited about his work. Not only will he never be satisfied, but he will never achieve anything worthwhile.”

克莱斯勒（1875 ～ 1940）是美国汽车工业先驱，也是克莱斯勒（Chrysler）汽车创办人。他在 1925 年创办的克莱斯勒汽车，在 1998 年与德国的戴姆勒·奔驰（Daimler-Benz）公司合并，成为戴姆勒·克莱斯勒公司，现为全球三大汽车制造商之一。1928 年，《时代》杂志曾票选他为年度风云人物。

克莱斯勒出生于美国堪萨斯州，父亲是铁路工程师，致使他从小就对机械有兴趣。高中毕业后，他成为铁路机械学徒，18 岁就设计出小型的蒸汽火车头，可以在他自己设计的小铁轨上行驶。22 岁时，他结束学徒生涯。在积累了许多铁路相关的工作经验后，36 岁的他，进入通用汽车旗下的别克汽车公司担任作业经理；八年后，他成功让别克由每天生产 45 台车，发展到每天生产 600 台车，自己也升为总裁。

离开别克后，他又花了七年时间协助一家负债累累的汽车公司赚钱，并在 1924 年收购了这家公司，于隔年改名为克莱斯勒汽车。在与戴姆勒·奔驰公司合并前，该公司已成长为全美第三大车厂。1928 年，克莱斯勒还在纽约资助兴建当时全球最高的摩天大楼——克莱斯勒大楼（Chrysler Building），不过完工几个月后，就被更高的帝国大厦取代。

克莱斯勒这段话告诉我们，一个人如果能从自己所从事的工作中找到乐趣与成就感而获得满足，就能够有持续拼战下去的热情与动力。如果每天只是浑浑噩噩，为五斗米折腰而工作的话，成就将会局限在某个地方，不会有再往上提升的力量。

金句补给站 ▶ 如果你为了赢得报酬而承受痛苦，被迫从中学习，你会觉得工作很困难；但如果你热爱自己的工作，你自然就会从中赢得自己的报酬。

——托尔斯泰，俄国小说家

"If you take pains and learn in order to get a reward, the work will seem hard; but when you work... if you love your work, you will find your reward in that."

— Leo Tolstoy

精益求精

“你永远不该满足于自己的成功。你必须对成功够执着，才不会失去它。”

Lou Gerstner

——路易斯·郭士纳

“You can never be comfortable with your success, you've got to be paranoid you're going to lose it.”

郭士纳（1942 ~ ）是 IBM 公司前董事长暨执行长，他在 1993 年进入 IBM 担任董事长暨执行长，成功改造 IBM，让它由卖 PC 的硬件公司转型为信息服务业的龙头。他于 2002 年 3 月卸下执行长职务，并于同年 12 月退休离开 IBM，现为美国生物医学及基因研究中心 Broad 研究室的董事会主席。

郭士纳出生于美国纽约州，是达特茅斯学院工学学士与哈佛大学 MBA。进入 IBM 之前，他曾待过麦肯锡管理顾问公司，在美国运通公司服务 11 年，并在饼干大厂纳贝斯克（RJR Nabisco）担任过执行长。在纳贝斯克时，他成功使该公司从 1989 年的净亏损 11 亿美元，翻身成为 1992 年时的获利近 3 亿美元。1993 年，他以非计算机专业出身、非 IBM 基层干起的门外汉身份，受聘入主 3 年累计亏损 157 亿美元的 IBM。

进入 IBM 后，郭士纳和经营团队并不依照多数华尔街分析师的建议，将公司解体为各个独立公司群以提高股市总值，而是决定维持公司的整体战斗力。此外他删减一笔十亿美元的“有学术价值但无商品价值”的研发预算，并把顾客意见作为研发过程中的重要参考；再加上关闭或出售无用部门等根本性精实手段，以及引导 IBM 淡出硬件业、转战信息服务业，郭士纳成功扭转了 IBM 的命运。

郭士纳这句话说得好，倘若我们以为到手的成功已经是无上荣耀，而不愿意进一步争取更出色的成绩，那么面对奋起直追的新竞争者，或是急速变动的环境，今日的成功，很可能就是明日的失败根源。唯有执着于追求更新更好的成功，个人或企业才能持续居于成功的领导者地位。

金句补给站 ▶ 重要工作通常会交到那些已证明自己能完成小工作的人手中。

——爱默生，美国思想家

“Big jobs usually go to the men who prove their ability to outgrow small ones.”

— Ralph Waldo Emerson

只要你想，未来无限

“你得好好规划未来，但是记得要用铅笔。”

Jon Bon Jovi

——乔恩·邦·乔维

“Map out your future but do it in pencil.”

乔恩·邦·乔维（1962 ~ ）是上世纪 80 年代知名摇滚乐团邦乔维（Bon Jovi）的主唱兼团长，该乐团成立于 1983 年，当时除主唱外尚有吉他手、键盘手、鼓手与贝司手，可说是流行摇滚乐的先锋。他们以紧身皮裤、撕裂的上衣、鲜明的眼线，搭配超大银饰、吹蓬的长发，以及合乎大众口味的摇滚乐和超棒的演唱功力，在全球建立了自己的摇滚江山。邦乔维的成名曲有 *You Give Love A Bad Name*、*Livin' On A Prayer* 等，其专辑与单曲在全球的销售量已破 1.2 亿张，他们甚至还是第一个受当年的苏联官方邀请演出的西洋团体。

1989 年，邦乔维乐团曾一度在全盛之时暂离乐坛，只有主唱乔恩·邦·乔维与吉他手继续推出个人专辑。一直到 1992 年，邦乔维乐团才又回到大家面前，虽然销售量未如先前，但仍挟昔日威力在全球各大排行榜名列前茅。主唱乔恩·邦·乔维后来进军电影界，其他成员也分头从事雕刻绘画、电影配乐制作等活动，在不同领域历练，获得各种不同的经验后，又回头共同推出专辑。

这句话是乔恩·邦·乔维接受《读者文摘》专访时提到的，他是想表达“计划好的未来也是可以修改的”，也就是应该因时、因地制宜对规划有所调整。事实上他想说的还有“未来可以无限长，只要你愿意一直让路延伸下去”。只要暂时换个心情，补充好自己的体力，然后带着热情继续上路。邦乔维乐团不就是如此吗？成立逾二十年，一度暂离乐坛又再度回来放送热力的他们，正是最好的例子。

金句补给站 ▶ 成功就是跌倒九次，爬起来十次。

——乔恩·邦·乔维

“Success is falling nine times and getting up ten.”

— Jon Bon Jovi

做好准备，建立自信

“自信是成功的关键之一，而准备是自信的关键之一。”

Arthur Ashe

——亚瑟·阿什

“One important key to success is self-confidence. An important key to self-confidence is preparation.”

阿什（1943 ~ 1993）是美国黑人网球好手，他曾三次赢得大满贯比赛（澳洲、法国、美国三大网球公开赛，以及英国温布尔登锦标赛）的冠军，最高曾位居世界排名第二。在网球职业生涯里，他在 65 次单打决赛中获得 33 次冠军，也在 46 次双打决赛中赢得 18 次冠军。他积极推动黑人人权运动，但因输血感染艾滋病而去世。1997 年，美国网球协会将举办美国网球公开赛的纽约中央球场命名为阿什球场（Arthur Ashe Stadium），以纪念这位网球好手。

阿什出生于美国弗吉尼亚州，从高中时开始打网球，曾赢得全州网球冠军。1968 年，在首度开放给职业与业余选手同时参加的美国网球公开赛中，他以业余选手之姿击败诸多强敌，赢得个人第一座美国网球公开赛冠军，也成为首位赢得大满贯赛事男子单打冠军的黑人选手，其后进入职业网坛。继 1970 年赢得澳洲网球公开赛冠军后，1975 年，他又赢得温布尔登锦标赛男单冠军，在次年成为世界排名第二的职业选手。

1980 年，阿什由于心脏不适退休，但不幸在一次心脏手术中因输血不慎感染艾滋病，于 1993 年去世。去世前，他成立“亚瑟·阿什战胜艾滋基金会”，以及“亚瑟·阿什都会健康机构”，协助处理医疗不慎的相关议题。阿什的一生虽然短暂，却致力于为黑人人权发声，批判南非种族隔离政策等，并在罹患艾滋后期投身抗艾滋活动等。

因为准备周全而产生自信，因为自信而获得成功。这或许正是以黑人之姿打进白人网球世界的亚瑟·阿什亲身体验后，最真切的感受。

金句补给站 ▶ 成功是一趟旅程而非目的地。过程通常比结果重要。不是人人都能拿第一。

——亚瑟·阿什

“Success is a journey not a destination. The doing is usually more important than the outcome. Not everyone can be Number 1.”

— Arthur Ashe

拥有希望，便足以激励人生

“即使我知道世界明天就要毁灭，今天还是要种下我的苹果树。”

Martin Luther King Jr.

——马丁·路德·金

“Even if I knew that tomorrow the world would go to pieces, I would still plant my apple tree.”

马丁·路德·金（1928 ~ 1968）是美国黑人民权运动领袖，受到印度国父甘地的著作影响，在美国为黑人争人权、倡导族群平等。1964 年他获颁诺贝尔和平奖，但于 1968 年在田纳西州遭暗杀。

马丁·路德·金出生于美国佐治亚州的亚特兰大市，父亲是牧师，母亲是老师。他小时候就感受到黑人遭受的种族歧视，15 岁时进入莫尔豪斯大学（Morehouse College）主修社会学，后进入宾州克鲁塞斯神学院（Crozer Theological Seminary）就读神学，并在波士顿大学取得博士学位。

1955 年，美国阿拉巴马州一位黑人妇女在搭乘公交车时，因拒绝给白人让座而遭逮捕，让包括马丁·路德·金在内的支持者发起了长达 381 天的杯葛运动，拒绝搭市内公交车。这是美国史上第一次有黑人团结起来为自身权益而抗议。直到法院判决该州在公交车上实施种族隔离是违宪行为，抗争才结束。1963 年，在纪念奴隶解放 100 周年的活动中，马丁·路德·金在华盛顿广场前向 20 万群众演说，宣扬“我有一个梦想”（I have a dream），希望有一天黑人与白人可以携手同唱自由之歌。1964 年，美国实施《民权法案》（*Civil Rights Act*），让种族平等跨进一大步，马丁·路德·金的功劳很大。也是那一年，他获颁诺贝尔和平奖。但在 1968 年，即遭到种族分子暗杀。

马丁·路德·金这句话，意在激励世人坚定意志，不要受外界横逆干扰。面对可能到来的灾难，仍要保持自己的希望与信心，因为有希望就有未来！

金句补给站 ▶ 强烈的希望对于人生的激励程度，比任何已实现的快乐都大得多。

—— 尼采，德国哲学家

“Strong hope is a much greater stimulant of life than any realized joy could be.”

— Friedrich Nietzsche

唯有怀抱理想，才有美好未来

“未来有好几个名字。对软弱的人而言，它是‘不可能’。对胆怯的人而言，它是‘未知数’。对有谋略而勇敢的人而言，它是‘理想’。”

Victor Hugo

——维克多·雨果

“The future has several names. For the weak, it is the impossible. For the fainthearted, it is the unknown. For the thoughtful and valiant, it is the ideal.”

雨果（1802 ~ 1885）是19世纪法国小说家、诗人、剧作家、文艺评论家暨政论家，有“法兰西的民族诗人”之称。他是浪漫主义运动领袖，作品描写人生百态，有浓厚理想主义色彩。他也是当时反帝制、主张民主的代表人物。他的作品包括小说《巴黎圣母院》（*Notre-Dame de Paris*）、《悲惨世界》（或译《孤星泪》，*Les Miserables*），诗集《惩罚集》（*Les Chatiments*）、《沉思集》（*Les Contemplations*）等近70部。

雨果出生于法国东部，父亲曾是拿破仑麾下的将军。雨果在17岁时，与哥哥创办文艺刊物，发表自己的第一首诗。20岁时出版了第一本诗集，声名大噪。25岁时，他又发表韵文剧本《克伦威尔》（*Cromwell*）和著名的浪漫主义宣言，成为反古典主义、提倡浪漫主义的领袖。他在29岁发表个人代表作之一的《巴黎圣母院》，描述面丑心善的圣母院敲钟人爱上命运多舛的女性而受百般阻挠的故事，轰动文坛。他曾获选进入高等学术机构——法兰西学院，也当过议员，并公开表示拥护君主立宪制度。

当拿破仑三世发动政变称帝时，雨果因大肆攻击他而遭放逐到国外。流亡期间他写出另一代表作《悲惨世界》，以19九世纪法国最动乱的三十多年为背景，描写主角终其一生逃亡，由贫苦出身一路成为贵族的故事。1870年，法国成立第三共和国，他才结束19年流亡生涯回到巴黎。

未来如何，没有人知道。但唯有怀抱“理想”全力奋斗，才可能会有美好未来。若心存软弱认为什么都不可能，或是心存胆怯而觉得茫然，美好的未来永远不可能来到。

金句补给站 ▶ 逆境造就人类，顺境产生怪物。

——维克多·雨果

“Adversity makes men, and prosperity makes monsters.”

— Victor Hugo

太在意他人眼光将招致失败

“我不知道成功的关键是什么，但我知道失败的关键在于想讨好每个人。”

Bill Cosby

——天才老爹比尔·科斯比

“I don't know the key to success, but the key to failure is trying to please everybody.”

科斯比（1937 ～）是美国黑人男演员，以智慧和风趣幽默的形象著称，曾因演出温馨电视剧集《天才老爹》（*The Cosby Show*）而大红。

科斯比出生于美国宾州费城，十年级（即高一）时辍学加入海军四年，高中学业是通过函授课程完成的。离开海军后，他以体育奖学金进入天普大学（Temple University）就读。他当过一阵子酒保，在 1963 年推出畅销的单人喜剧专辑，踏出走红的第一步。1965 年，他在强调黑人与白人地位平等的电视剧集《我是间谍》（*I Spy*）里出演 CIA 干员角色，赢得三座艾美奖。他的喜剧唱片也获得格莱美奖的肯定。

1984 年，拉斯比的情境喜剧《天才老爹》在 NBC 电视台播出，一播就是八年，红到让原本经营状况不好的 NBC 又活了过来。该剧以纽约布鲁克林的中产阶级黑人家庭为主体，由科斯比饰演太太是律师的妇科医生哈克斯，剧中他总以幽默方式解决五个孩子闯的祸，或是协助孩子们成长，该剧既有娱乐性又有教育意义。后来，科斯比也因而成为形象颇佳的“荧幕好爸爸”，并出版过有关教育孩子的《老爸难为》等书。

科斯比这句话相当值得玩味。有多少人正是因为太在意别人的看法，对自己原本的想法感到怀疑，而在过度调整或前后摇摆下失败了的？唯有相信自己，坚定去做，不因想讨好他人而举棋不定，才能踏实地走向成功。

金句补给站 ▶ 你要有勇气追随自己的心与直觉。它们就是知道你真正想做的事。除了那件事外，其他事都是次要的。

——史蒂夫·乔布斯，苹果公司的联合创始人之一

“Have the courage to follow your heart and intuition. They somehow already know what you truly want to become. Everything else is secondary.”

— Steve Jobs

无论面对什么，都要有必胜信念

“一场战役之所以输掉，是因为自己先认了输。”

Jean-Paul Sartre

——让—保罗·萨特

“A lost battle is a battle one thinks one has lost.”

萨特（1905 ~ 1980）是法国存在主义哲学家、剧作家、小说家暨评论家，曾获 1964 年诺贝尔文学奖，但他却以“自己的价值不需要别人衡量”而拒绝受奖。他的著作有《恶心》（*La Nausee*）、《墙》（*Le Mur*）等小说，《存在与虚无》（*Being and Nothingness*）等哲学论著，以及《死无葬身之地》（*Morts sans sepulture*）、《密室》（*No Exit*）等 11 个剧本。其伴侣西蒙娜·波伏瓦是知名女权主义者，俩人终身未婚。

萨特出生于巴黎，在十五个月大时就丧父，由母亲与外公带大，童年相当孤独。他毕业于巴黎高等师范学院，曾任中学教师。1938 年，当萨特还是老师时，出版了第一本小说《恶心》，描述主角因极度厌恶周遭的世界而引发心理上的呕吐、恶心。隔年他又出版小说集《墙》，两本书奠定萨特在法国文坛的地位。

十多岁时萨特就对哲学有兴趣，1943 年，他构思近十年的人生最重要著作《存在与虚无》出版，奠定了他在哲学领域的学术地位。该书是他哲学思想的精华，主张“存在先于本质”，认为人出生时并未被赋予任何本质，本质是在有生之年通过自由意志塑造自己、创造自己、界定自己得以逐步形成的，因此人的自由选择应受重视。

萨特这句话讲出一个事实：我们常会长他人之志、灭自己威风，未战先败，未输先退却，最后导致真的失败。在最后结果尚未出炉前，仍应秉持毅力与奋战精神，努力到最后一刻。多少落后的棒球队伍不都是从九局过半两个人出局后才开始追分，结果反败为胜的？

金句补给站 ▶ 我们之所以输掉，是因为我们告诉自己已经输了。

——列夫·托尔斯泰，俄国小说家

“We lost because we told ourselves we lost.”

— Leo Tolstoy

有想法与热情最重要，其次才是能力

“人生或工作之成果，等于想法 × 热情 × 能力。”

Inamori Kazuo

——稻盛和夫

人生の结果 · 仕事の结果＝考え方 x 热意 x能力”

稻盛和夫（1932 ~ ）是日本知名实业家，京瓷公司和 KDDI 公司创办人，现担任京瓷公司荣誉董事长和 KDDI 最高顾问。著有《追求成功的热情》《经营的实学：会计与经营》《我这样改造命运》等书。

稻盛和夫出生于日本鹿儿岛县，毕业于鹿儿岛大学工学部。毕业后工作数年，于 1959 年创办京都陶瓷公司（现京瓷）生产精密陶瓷，松下电器曾大量下单用于制造电视机。目前该公司有精密陶瓷、餐具、数码相机、打印机等多种产品。1984 年，为因应电信自由化，稻盛和夫又创办了 DDI 电信公司，后来合并 KDD、IDO 两家电信公司，成为 KDDI，是目前日本三大电信商之一。

1984 年，稻盛和夫投注 600 亿日元个人资金，成立自己担任理事长的“稻盛财团”，并创立国际奖项“京都赏”，每年 11 月颁给对尖端技术、基础科学、艺术或思想领域有杰出贡献者。此外他也成立自己担任塾长的“盛和塾”，培养企业经营人才，目前已培育出三千多名人才。2005 年，他个人出资 4 亿日元，结合京瓷的 6 亿日元，在鹿儿岛大学成立“稻盛经营技术学会”，培育创业和领导人才。

稻盛和夫提出来的这个方程式很有意思，光有热情与能力而无想法，工作难以出色；光有想法与能力但无热情，事情会有一搭没一搭；光有想法与热情但没能力，努力半天成果也可能有限。能力固然依赖先天条件，但能力较差者，若能靠后天的热情与想法补足，成果还是有可能超越能力较强的人。

金句补给站 ▶ 世界上没有失败这种东西。当你停止挑战时，那就叫失败。

——稻盛和夫

“世の中に失敗というものは無い。チャレンジを止めたとき、それを失敗という。”

——稻盛和夫（Inamori Kazuo）

CHAPTER 2

迎向成功的必要准备：满怀创意，掌握机会，勇于冒险

一个人乐观与否，往往是决定他如何行动的关键。只有敢于冒险前进、积极开拓者，才能真正成就大事。

就交由直觉与胆识决定吧！相信自己的观感，有时候就是最好的答案。恐惧只是我们自己臆想的，只要鼓起勇气动手、开始去做，恐惧自然就会消散。

真正想要成功的人，会主动让自己去碰撞困难，因为若能克服它，可能正是通往成功的大好机会。

乐观的力量

“悲观者看到机会中的困难；乐观者看到困难中的机会。”

Winston Churchill

——温斯顿·丘吉尔

“A pessimist sees the difficulty in every opportunity; an optimist sees the opportunity in every difficulty.”

丘吉尔（1874 ~ 1965）是20世纪英国政治家、作家、演说家，曾两度担任英国首相，在第二次世界大战时带领英国力抗德军入侵。丘吉尔的文笔甚佳，著有《第二次世界大战回忆录》（*The Second World War*）、《英语民族史》（*A History of the English-Speaking Peoples*）及记述一战的《世界危机》（*The World Crisis 1911-1918*）等二十余部作品。1953年，他还获颁诺贝尔文学奖。

丘吉尔出生于英国牛津郡，26岁当选为英国保守党议员，后担任殖民副大臣、商务大臣、内政大臣、海军大臣等要职，并在第二次世界大战时期由海军大臣转任英国首相。德军轰炸伦敦后，有人主张求和或迁都，他仍发表演说要民众奋起对抗。面对已席卷全欧的希特勒，英国独撑一年等到美国参战，后来顺利获胜。第二次世界大战结束那年的大选中，丘吉尔代表的保守党落败，由工党领袖当选首相。其后他仍继续当了六年的反对党领袖，于1951年再度当选首相，一直到1955年4月请辞交棒。

丘吉尔也是出色的作家，连任首相失利时，他在六年间完成共六册的《第二次世界大战回忆录》，记述战时英国政治和军事方面的活动。书中对人物有客观且鲜活的描写，后来他以此书获得1953年的诺贝尔文学奖。

一个人乐观与否，往往是决定他如何行动的关键。机会来临时，悲观者看到个中的困难，裹足不前、直接放弃，与成功失之交臂；困难来时，乐观者看到个中的机会，因而勇往直前、积极面对，进而获得成功。乐观的力量，就是这么大。

金句补给站 ▶ 两人从铁窗往外望，一人看到满地泥泞，另一人却看到满天星辰。

——弗雷德里克·兰布里奇，英国作家

"Two men look out through the same bars.One sees the mud, and one the stars."

— Frederick Langbridge

面对危险，就不怕它

“渔夫知道大海很危险、暴风雨很可怕，但他们从不觉得这些东西危险到不能出海。”

Vincent van Gogh

——文森特·凡·高

“The fishermen know that the sea is dangerous and the storm terrible, but they have never found these dangers sufficient reason for remaining ashore.”

凡·高（1853 ~ 1890）是 19 世纪荷兰画家，与高更、塞尚等人同为后印象派（Post-impressionism）大师。凡·高一生不得志，郁郁寡欢。在他近十年的创作生涯中，共有 900 余幅作品，充满对自然及生命的热情以及不安的孤寂。画作有《向日葵》《自画像》《夜间咖啡馆》《星夜》《断桥》等。

凡·高出生于荷兰，个性爱憎分明。他曾在叔叔的画作交易所工作，还在荷兰时的画风是用色阴暗、造型滞重，题材主要为农民及农务。到弟弟于巴黎经营的画廊工作后，凡·高接触到新派画风，自此开始采用印象派技法，题材也转为花卉、巴黎景物、人像及自画像等。

凡·高与同为荷兰画家的高更以及法国画家塞尚的作品，都属“后印象派”。它不是印象派的延续，而是突破或局部反对印象派的观点。他反对把物象支解成支离破碎的“光”和“色”，代之以更综合的观点，并跳脱印象派讲究的客观，而加入画家的主观看法，同时主张省略画面中的琐碎细节，回归到事物的“实在性”。

1888 年，凡·高定居于阳光充足的法国阿尔勒（Arles）创作时，曾邀高更前往同住，但两人起了争执，高更大怒离去，凡·高也在激动中割下自己的右耳。从那时起到凡·高自杀为止，他虽饱受精神病的折磨，却在 15 个月内画了两百多幅画，是他创作的巅峰时期。凡·高这句话提醒我们，凡事都有风险，如果因噎废食，就得不到成果了。只要面对风险、克服风险，就有获得成功的可能。

金句补给站 ▶ 长期而言，避开危险不会比马上面对危险来得安全。怕危险的人和勇敢的人，遇上危险的几率是一样的。

—— 海伦·凯勒

“Avoiding danger is no safer in the long run than outright exposure. The fearful are caught as often as the bold.”

— Helen Keller

机会自己创造

“机会出现时掌握它的人，十个有九个会成功；但自己创造机会的人，除非有什么意外，不然必定成功。”

Dale Carnegie

——戴尔·卡耐基

“The man who grasps an opportunity as it is paraded before him, nine times out of ten makes a success, but the man who makes his own opportunities is, barring an accident, a sure-fire success.”

卡耐基（1888 ~ 1955）是美国作家、演说家，也是卡耐基训练机构创办人。他开发许多技巧，教人自我提升、培养人际关系、提高演讲水平和提升销售业绩。他的作品有《如何赢取友谊与影响他人》（*How to Win Friends and Influence People*）、《成功有效的团体沟通》（*The Quick and Easy Way to Effective Speaking*）、《如何停止忧虑开创人生》（*How to Stop Worrying and Start Living*），以及《鲜为人知的林肯》（*Lincoln the Unknown*）等。

卡耐基出生于美国密苏里州的贫穷农家，每天早上 4 点就要起来挤牛奶。他小时候成绩普通，比较擅长演说，高中和大学时都活跃于辩论社。于密苏里州立瓦伦堡师范学院毕业后，他当过卖培根、猪油、肥皂的业务员，也跑到纽约当过演员，都没有闯出名堂，还住在廉价又满是蟑螂的地方。

23 岁那年，他开始在基督教青年会 YMCA 开班教别人演说。由于内容确实有用，愈来愈受欢迎。隔年他成立“卡耐基训练机构”（Dale Carnegie Training），帮企业培养人才，也教个人提升自己，目前在全球 80 国已有 800 万人接受过训练。

1936 年，卡耐基出版《如何赢取友谊与影响他人》一书，讲一些人际沟通的技巧与策略。该书出版时只印了 5000 本，结果轰动全美国，盘踞《纽约时报》畅销书排行榜达十年之久，到现在已翻译成多种语言，在全球销售逾 1500 万本。卡耐基失意时以演说之长开创了事业新契机。如果他继续当个高不成低不就的业务员，可能就庸庸碌碌终此一生。在“掌握机会”外，若能进一步“创造机会”，你会更贴近成功。

金句补给站 ▶ 聪明人创造的机会比找到的机会还多。

—— 英国哲人弗朗西斯・培根

“Wise men make more opportunities than they find.”

— Francis Bacon

天助自助者

“不自助者，机会不助之。”

Sophocles

——索福克勒斯

“Chance never helps those who do not help themselves.”

索福克勒斯（公元前 497 ~公元前 406 年）是希腊悲剧作家，与欧里庇得斯（Euripides）、埃斯库罗斯（Aeschylus）合称“希腊三大悲剧作家”。

索福克勒斯的作品中有一套悲剧三部曲《俄狄浦斯王》（*Oedipus Rex*）、《俄狄浦斯在克罗诺斯》（*Oedipus at Colonus*），以及《安提戈涅》（*Antigone*）。其中最知名的是弑父娶母的“俄狄浦斯王”，连亚里士多德都称之为“十全十美的悲剧”。

在故事中，有神谕表示底比斯（Thebes）的王子俄狄浦斯会弑父娶母，以致他从小就被抛弃。在牧羊人收养他后，辗转成为另一国家科林斯（Corinth）的王子。长大后，不知道身世的俄狄浦斯听到神谕后，怕自己会杀死科林斯国王，于是离开，途中在一个三岔路口和人起冲突，一怒之下杀了对方，那人正是他的生父。后来，他又因为破解狮身人面兽的谜语解救了底比斯城，被拥立为王，并娶丧夫的王后（生母）为妻。俄狄浦斯在得知神谕应验以及事实的真相后，刺瞎了自己的双眼，也离开底比斯城。心理学上的“恋母情结”（Oedipus Complex）一词就是由此而来。

值得一提的是，索福克勒斯在写下俄底浦斯王的故事时，已经七十多岁高龄，创作力却依然旺盛。有别于欧里庇得斯把笔下人物描写成“他们本是如此”（as they are），索福克勒斯笔下的悲剧英雄都是“他们应当如此”（they ought to be），备受命运摆布，不是出于一时愤怒或误解而造成无法收拾、令人悔恨的后果，就是在冲突、选择与受难中挣扎。索福克勒斯的其他作品还包括探讨女儿弑母为父报仇的《伊莱克特拉》（*Electra*）等，在心理学上的“恋父情结”（Electra Complex）一词，也是由此而来。

金句补给站 ▶ 宁愿做好准备而没有机会，也不要机会到来时没做好准备。

——惠特尼·扬二世，美国社会改革家

“It is better to be prepared for an opportunity and not have one than to have an opportunity and not be prepared.”

— Whitney M. Young, Jr.

要跨出去才知道自己的能耐

“愿冒险行远路者，才可能知道自己能走多远。”

T. S. Eliot

——艾略特

“Only those who will risk going too far can possibly find out how far one can go.”

艾略特（1888 ~ 1965）是20世纪英籍美裔诗人、剧作家、文学批评家，《荒原》（*The Waste Land*）、《普鲁佛洛克的恋歌》（*The Love Song of J. Alfred Prufrock*）等作品，是20世纪杰出现代诗集。1948年，他因为对现代诗的革新具有卓越贡献而获得诺贝尔文学奖肯定。艾略特还撰写过《大教堂谋杀案》（*Murder In the Cathedral*）等剧本，晚年诗篇代表作则是由四组诗构成的《四个四重奏》（*Four Quartets*）。《时代》杂志则评选他为20世纪最有影响力的诗人。

艾略特出生于美国密苏里州的圣路易市，家境优渥。他曾就读哈佛大学、巴黎大学与牛津大学，主修哲学与逻辑学。18岁时他开始诗歌创作，26岁时迁居伦敦，29岁出版第一本诗集。他相当推崇13世纪意大利诗人但丁的作品《神曲》，他曾说“当今天下，由但丁与莎士比亚平分，此外并无第三者”。34岁时他创办文学评论季刊《标准》并担任主编，一直到51岁为止。

艾略特早期作品《普鲁佛洛克的恋歌》描写一名青年在求爱途中的矛盾心理，青年因无法预料行动的结果以及是否值得而怯于行动。他的代表作是批评现代文明贫瘠衰颓的《荒原》。这部使他声名大噪的作品主要讲的是1921年，欧洲在第一次世界大战后面临的“精神上的荒原”。当时人们即使努力工作，也找不到生存价值。如艾略特所言，只有实际走走远路，我们才可能知道自己的能耐到哪里，也才有机会发挥自己的潜能。如果吝于尝试，可就只有一辈子原地踏步了。

金句补给站 ▶ 有勇气不回头看海岸线，才能发现新海域。

——安德烈·纪德，诺贝尔文学奖得主

“Man cannot discover new oceans unless he has the courage to lose sight of the shore.”

— Andre Gide

不行动，风险更大

“行动有其风险与成本。但与不行动的舒适造成的长期风险相比，可是低多了。”

John F. Kennedy

——约翰·肯尼迪

“There are risks and costs to action. But they are far less than the long range risks of comfortable inaction.”

肯尼迪（1917 ~ 1963）是美国第 35 届总统，也是目前为止美国民选出来最年轻的总统，当选时仅 42 岁，以有魄力与身体力行著称。1963 年底，他于竞选连任拜票途中遇刺，不治死亡。

肯尼迪出生于美国马萨诸塞州（Massachusetts）的政治世家。于哈佛大学毕业后，他加入美国海军，参与第二次世界大战。战后他投身政治，历经众议员、参议员等身份后，在 1960 年代表民主党击败尼克松当选美国总统。在就职演说中，肯尼迪说“不要问国家能为你做什么，而要问你能为国家做什么”。此话成了流传后世的名言。

肯尼迪在位的三年刚好是美国的多事之秋，有极可能演变为核战的“古巴导弹危机”、苏联封锁柏林的“柏林危机”，又有越战的泥沼牵制。除通过外交化解柏林危机外，他也成功与苏联老大赫鲁晓夫通过谈判解除古巴导弹危机。

在内政方面，他提出反种族歧视、黑人平权、老人医疗保健、发展教育等计划，并大力支持美国的太空发展。登陆月球的“阿波罗计划”就是在肯尼迪任内开始的。他的一句“我们将在 60 年代结束前登上月球”促成了阿波罗十一号在 1969 年首度成功在月球表面降落。位于佛罗里达州的纪念肯尼迪的“肯尼迪太空中心”，现在也是美国太空总署 NASA 测试、准备及实施发射的重要地点。虽然肯尼迪意外早逝，但他的领导智慧与行动力，却仍是后世的绝佳学习对象。

金句补给站 ▶ 死躺在水中什么也不做是另一种舒服的选择，因为它没有风险。但这对经营企业而言却是十足的死路一条。

—— 汤马斯·沃森，IBM 创办人

“Lying dead in the water and doing nothing is a comfortable alternative because it is without risk, but it is an absolutely fatal way to manage a business.”

— Thomas J. Watson

跳脱窠臼，开创新局

“想象力比知识来得重要。知识仅限于我们知道与理解的事物，但想象力囊括了整个世界，以及世上等着我们去知道与理解的所有事物。”

Albert Einstein

——阿尔伯特·爱因斯坦

“Imagination is more important than knowledge. For knowledge is limited to all we now know and understand, while imagination embraces the entire world, and all there ever will be to know and understand.”

爱因斯坦（1879 ~ 1955）是犹太裔美籍物理学家，曾因“光电效应”论文在 1921 年荣获诺贝尔物理奖。由于他的理论彻底改变了人们的生活及思维，《时代》杂志在 1999 年票选他为 20 世纪最重要的“世纪人物”。

爱因斯坦出生于德国，父母都是犹太人。他的童年在德国慕尼黑度过，功课很好，但在校上课时往往心不在焉。他的热情都表现在课后，因为他可以自由阅读物理、数学的书籍。12 岁时，他就自修了“几何学”。高中毕业前，爱因斯坦随双亲移民至意大利，后来到瑞士苏黎世就读联邦工业大学，并自己钻研 19 世纪知名物理学家马克士威的“电磁学”。后来他发现电磁学中仍存在一些与牛顿力学间的矛盾点，从而构思出“相对论”，修正两百多年来大家奉为圭臬的牛顿力学。

1905 年是爱因斯坦的“奇迹之年”，当年他发表数篇重要论文，阐述关于“光电效应”（Photoelectric Effect）、“布朗运动”（Brownian Motion）以及“狭义相对论”（或称“特殊相对论”，Special Theory of Relativity）等议题的重要发现，为后人的量子力学、核能等研究奠下基础，也间接促成原子弹的发明。这些研究都是他在任职于瑞士专利局的六年间利用业余时间进行的。1916 年，爱因斯坦又发表“广义相对论”（或称“一般相对论”，General Theory of Relativity）的论文，提出关于时空的新阐述，对宇宙学与天体物理学有很大影响。

正因为能不受限于既有知识，爱因斯坦才能发挥丰富的想象力，进而通过研究提出突破性的新理论。那些还安逸地活在自己熟悉环境中的人，是不是该动起来了？

金句补给站 ▶ 不要为了想成功而努力，而要为了当个有价值的人而努力。

——阿尔伯特·爱因斯坦，犹太裔美籍物理学家

“Try not to become a man of success but rather try to become a man of value.”

— Albert Einstein

冒险才有契机

“毫无风险的构想根本不配称作构想。”

Oscar Wilde

——奥斯卡·王尔德

“An idea that is not dangerous is unworthy of being called an idea at all.”

王尔德（1854 ~ 1900）是19世纪英国著名诗人、小说家暨剧作家，与萧伯纳（Bernard Shaw）齐名，作品以唯美主义著称。他是富于机智、个性狂放不羁的双性恋者，曾因同性恋罪名入狱两年。

王尔德出生于爱尔兰，父亲是著名外科医师，母亲是爱好文学的作家。从小他就接受良好教育，沉浸于艺文环境中。他毕业于牛津大学马格德林学院（Magdalen College），在学期间思想深受唯美主义大师华特·培特（Walter Pater）与英国艺术评论家约翰·罗斯金（John Ruskin）影响，行事间总洋溢着浓厚的唯美色彩。在衣着上，他极为注重打扮；在文学上，他极力运用华美的词藻与修辞及富于音乐性的语句。他的第一本诗集在1881年出版，为宣传诗集而到北美巡回演讲时，还曾留下“我没什么好讲的，除了我的天分”的自负之语。他创作过四部喜剧，《温夫人的扇子》《微不足道的女人》《理想丈夫》以及《不可儿戏》，呈现扭曲但幽默的人生观。

王尔德也写过《快乐王子》《夜莺与玫瑰》《自私的巨人》《忠实的朋友》《神奇的火箭》等九篇童话，内容受安徒生很大影响。他常以书中人物的言行举止讽刺现实生活中人类的自私、贪婪、忘恩负义。他的童话引申出的内蕴，使仍有童心、喜欢幻想的成年人也产生共鸣。坐牢期间，自我反省的他，还曾以限量提供、对开大小的监狱用纸写下《狱中书》，成为他最后一部长篇散文。王尔德的一生充满了许多恣意而言、率性而为的桥段，也充满波折。或许正因为勇于冒险，他才有机会留下这么多隽永妙句，以及许多充满真挚情感的作品。

金句补给站 ▶ “危机”这个词在中文里，是由两个字组成的。一个字代表危险，一个字代表机会。

——约翰·肯尼迪，美国第35任总统

“When written in Chinese, the word 'crisis' is composed of two characters. One represents danger and the other represents opportunity.”

—John F. Kennedy

与其守成，不如勇于开拓

“成就大事的都是冒险者，而非大帝国的统治者。”

Charles de Montesquieu

——孟德斯鸠

“It is always the adventurers who do great things, not the sovereigns of great empires.”

孟德斯鸠（1689 ~ 1755）是法国政治思想家，也是18世纪启蒙运动的代表人物。他提出的行政、立法、司法“三权分立”概念影响了美国宪法、法国宪法、普鲁士法典以及现代多国的宪法。他的著作有《论法的精神》（*The Spirit of the Laws*）、《波斯人信札》（*Persian Letters*）等十余部。

孟德斯鸠出生于法国波尔的贵族世家，曾担任律师。19岁至25岁间，孟德斯鸠常到巴黎居住，记录了自己在那里看到的不合理现象，积稿十年，在1721年出版书信体小说《波斯人信札》，借由到法国游历的两个波斯旅人的经历，批判法国封建朝廷的种种弊端，也揭开启蒙运动全面攻击旧体制的序幕。

当时的法国国王路易十四晚年朝政混乱，他去世后，年仅5岁的路易十五便接位，由母后摄政，社会动荡不安；再加上孟德斯鸠发现英国在1688年的“光荣革命”后，渐渐建立了君主立宪政体，这两件事都让他希望法国也能建立英国式的政体。1748年，他发表重要著作《论法的精神》，提出“三权分立”的概念，主张由君主执掌行政权、议会行使立法权、法院专事司法权，既独立又相互牵制，可以彼此平衡。他的论点成为现代西方国家政治与法律制度的理论依据，也推动了1789年法国大革命的发生。

有一句话说“富不过三代”，一个只知守成而不知开拓的统治者，要么很快就受制于崛起的新强权，要么终将消耗掉前人累积下来的成果。只有能冒险前进、积极开拓者，才能真正成就大事。

金句补给站 ▶ 每个人一生中，财富都会来找他一次；但若他还没做好迎接的准备，财富就会在进门之后又从窗口飞走。

——孟德斯鸠，法国思想家及社会学家

“There is no one, says another, whom fortune does not visit once in his life; but when she does not find him ready to receive her, she walks in at the door, and flies out at the window.”

— Charles de Montesquieu

要会分析，也要有胆识

“你不只要精于倾听自己头脑的艺术，还必须精于倾听自己心声与胆识的艺术。”

Carly Fiorina

——卡莉·菲奥莉娜

“You have to master not only the art of listening to your head, you must also master listening to your heart and listening to your gut.”

菲奥莉娜（1954 ~ ）是惠普（HP）公司前执行长暨董事长，曾在 2002 年主导了惠普公司与康柏计算机（Compaq）的合并。她是目前为止带领过世界五百强企业的三位女性企业领导人之一，曾连续六年获《财富》杂志评选为美国企业界最有权力的女性。

菲奥莉娜出生于德州奥斯汀。由于父亲的工作性质，她读过三大洲的五所高中，因而练就了对新环境的适应能力。她毕业于斯坦福大学，后来在马里兰大学取得营销硕士学位。在任职于惠普之前，她曾待过美国电话电报公司（AT&T），并担任过朗讯科技（Lucent Technologies）全球服务部门行政总监。

1999 年，惠普董事会聘用她担任首席执行官一职，希望借她拥有的“惠普所没有的特质”，协助惠普在网络时代中走出一条新路。第二年起，她又出任惠普董事长。惠普自创业以来有一套称为“惠普风范”（The HP Way）的做法，例如不随便裁员，但菲奥莉娜上任后大刀阔斧裁员，以期使支出结构更为合理、提高利润。2002 年，菲奥莉娜推动与竞争对手康柏的合并案，试图分别在 PC 界与信息服务界同分列第一名的戴尔（Dell）、IBM 抗衡。虽然在她的强力主导下，颇有争议的合并案还是成了，但由于实效不如预期，再加上她急于要挑战“惠普风范”而未采取循序渐进的方式，2005 年，她遭到与她意见不合的董事会的劝辞。

虽然被迫下台，但她敢于出手的胆识与做法，一样有值得效法之处。当我们在路上行走，遇到多岔路口时，若以讲究逻辑的大脑分析，有时未必就能找出哪条路是最好的。此时，就交由直觉与胆识决定吧！相信自己的观感，有时候就是最好的答案。

金句补给站 ▶ 勇者眼中，危险就像阳光一样闪耀。

——欧里庇得斯，希腊悲剧作家

“Danger gleams like sunshine to a brave man's eyes.”

—Euripides

从谷底反弹

“成功就是在你跌至谷底时反弹的高度。”

——乔治·巴顿

“Success is how high you bounce when you hit bottom.”

巴顿（1885 ~ 1945）是美国陆军四星上将，有“战神”之称，他重视装甲部队，以用兵大胆、快速见长。第二次世界大战期间在北非登陆战、西西里岛登陆战以及盟军在欧洲反攻期间曾有辉煌战果。美国前总统艾森豪威尔曾说，“在巴顿面前，没有无法克服的困难和无法超越的障碍”。

巴顿出生于美国加州一个富裕家庭，从小就在父亲引导下阅读荷马的《伊利亚特》《奥德赛》等史诗巨著，以及莎士比亚的作品。18 岁时，他进入弗吉尼亚军校就读，一年后被保送到西点军校，并于 1909 年毕业。1912 年，巴顿还曾代表美国到瑞典的斯德哥尔摩参加奥运“男子现代五项运动”比赛，获得第五名。

1917 年，美国参与第一次世界大战，巴顿担任美国远征军总司令的副官，晋升为上尉，后出任坦克部队指挥官，在驻法的美国远征军中组建美军第一支坦克部队。第二次世界大战全面爆发后，他在 1940 年受命组建了装甲旅。1942 年盟军攻克北非一役，他率领的装甲第一军居功厥伟。1943 年，他升任第七军司令，以迅速、大胆的行动攻占西西里岛。在 1944 年至 1945 年，诺曼底登陆后的盟军反攻期间，他则率领第三军横扫法国、德国，渡过莱茵河，推进到捷克与奥地利边境，在第二次世界大战后晋升四星上将。如果不是他外出打猎途中遇车祸不幸去世，军事成就恐怕不止于此。

跌至谷底并不是就此一蹶不振，若能不畏挫折并善用自身积蓄的能量，顺势反弹的高度可能会让人大吃一惊。

金句补给站 ▶ 耐性与时间是最强的两位战士。

——托尔斯泰，俄国小说家

“The two most powerful warriors are patience and time.”

— Leo Tolstoy

动手战胜恐惧

“动手去做你最害怕的事，恐惧就会消失。”

Mark Twain

——马克·吐温

“Do the thing you fear most and the death of fear is certain.”

马克·吐温（1835 ~ 1910）是19世纪美国小说家，也是以幽默见长的演说家，由于博学多闻，人称“美国文学界的林肯”。他的文笔以生活化叙述与口语化用词跳脱英语文学的传统，在美国文学史上占有举足轻重的地位。他的作品有《汤姆·索亚历险记》（*The Adventures of Tom Sawyer*）、《哈克贝利·费恩历险记》（*The Adventures of Huckleberry Finn*）、《王子与贫儿》（*The Prince and the Pauper*）、《马克·吐温自传》（*The Autobiography of Mark Twain*）等二十余部。

马克·吐温本名萨缪尔·朗赫恩·克雷门斯（Samuel Langhorne Clemens），出生于美国密苏里州。他家境贫寒，12岁丧父，并未受过完整教育。但少年时的困苦生活成为他日后创作的摇篮。他曾当过排版工人、水手、矿工。当记者时，他以“马克·吐温”为笔名发表文章，一炮而红。马克·吐温擅长撰写生活纪实的冒险故事，讽喻当时的社会现象。

马克·吐温的代表作《汤姆·索亚历险记》出版于1876年，是以自己四岁起长年居住的密西西比河为背景，描写顽皮男孩汤姆、哈克等人的冒险故事。1885年，他又出版承续《汤姆·索亚历险记》的另一代表作《哈克贝利·费恩历险记》，描写主角哈克摆脱世俗羁绊寻求自由，并协助黑奴吉姆逃亡、争取自由的故事。1889年，他还写过探讨“回到过去”的小说《重返亚瑟王朝》（*A Connecticut Yankee in King Arthur's Court*）一书，成为该题材小说、剧集的先驱。

这句话告诉我们，有时候，恐惧只是我们自己臆想的，只要鼓起勇气动手、开始去做，恐惧就会自然消散。如果只因为自己想象中的恐惧而裹足不前，连试都不肯试，那就太可惜了。

金句补给站 ▶ 不读好书的人，比看不懂这些书的人优秀不到哪里去。

——马克·吐温，美国小说家

“The man who does not read good books has no advantage over the man who cannot read them.”

— Mark Twain

机会藏在问题里

“我们会不断碰到一些很棒的机会。只是它们会出色地伪装成无法解决的问题。”

Lee Iacocca

——李·艾柯卡

“We are continually faced by great opportunities brilliantly disguised as insoluble problems.”

艾柯卡（1924 ~）是美国实业家，也是近代汽车发展史上的重要人物。他是前克莱斯勒董事长，之前曾任福特汽车总裁，后来协助经营出问题的克莱斯勒汽车转亏为盈。他曾在 1984 年出版自传《反败为胜》（*Iacocca-An Autobiography*）。

艾柯卡出生于美国宾州，父母移民自意大利。他是普林斯顿大学硕士，后来进入福特汽车担任工程师。后转换至营销部门，因表现优异而进入产品开发部门。在那里他参与许多福特畅销车款的开发，最知名的是 1960 年他策划推出的猎鹰（Falcon）与野马（Mustang）两款性能、外形俱佳的车系。这些产品突破以往的设计概念，引起风潮，使福特在竞争激烈的市场中大获全胜。艾柯卡后来当了八年福特汽车总裁，却因和创办人的孙子亨利·福特二世意见不合，在 1978 年被扫地出门。

之后适逢克莱斯勒汽车因出现多项错误判断与决策导致销售量惨跌，处于风雨飘摇边缘，该公司找来失业的艾柯卡，希望他出手相救。当艾柯卡接手后，他发现公司在研发上的投资不够，产品缺乏新意。再加上当时出现石油危机，克莱斯勒擅长的大型车偏偏耗油量重，更是雪上加霜。艾柯卡除了关厂、裁员、解雇 33 位副总裁外，更出面请求美国政府担保，成功从银行融资 10 亿美元生产新产品。六年内，他让克莱斯勒从负债变成获利 9 亿美元，成为后世佳话。

如果说濒临失败的克莱斯勒汽车是“无法解决的问题”，那么毅然决然跳进去解决问题的艾柯卡，可真的是拥有看穿它为“绝佳机会”的慧眼了。

金句补给站 ▶ 当你处于压力或逆境中，最好的做法是保持忙碌，然后把怒气与精力用来做些正面的事。

——李·艾柯卡

“In times of great stress or adversity, it's always best to keep busy, to plow your anger and your energy into something positive.”

— Lee Iacocca

要赢就要敢冒险

“市场经常处于不确定与变迁状态，所以要赚钱就不能完全相信显而易见的事，而要赌一赌预料不到的事。”

George Soros

——乔治·索罗斯

“Markets are constantly in a state of uncertainty and flux and money is made by discounting the obvious and betting on the unexpected.”

索罗斯（1930 ~ ）是投资家、金融家、慈善家，倡导资本主义改革。著作有《美国霸权泡沫化》（*The Bubble of American Supremacy*）、《索罗斯论全球化》（*George Soros on Globalization*）、《开放社会——全球资本主义大革新》（*Open Society: Reforming Global Capitalism*）、《全球资本主义危机》（*The Crisis of Global Capitalism*）等十余册。2013 年《福布斯》全球富豪排行榜中，他以 200 亿美元身价排名第 19 位。

索罗斯出生于匈牙利布达佩斯的犹太家庭，纳粹势力进入后，他在 17 岁独自逃到国外，在英国伦敦打工读书。他毕业于伦敦经济学院，26 岁时前往纽约，在几家证券与投资公司工作，学到了金融界的操作手法，也累积了无数人脉。1969 年，他创立“量子基金”（Quantum Fund），吸引投资人加入。从 1970 年到 1980 年，他没有一年赔过钱。1992 年，他又利用英国政府想调降利率以振兴经济的时机，放空炒作英镑，结果获利 10 亿美元。1997 年亚洲金融风暴时期，索罗斯到处攻击印尼、泰国等国货币，成为这些政府的痛恨对象。

索罗斯在慈善方面也做了不少事，他成立基金会协助匈牙利和邻近的东欧国家，后来也在其他地方从事社会公益。据统计，1996 年度他在匈牙利、前南斯拉夫与白俄罗斯三地的捐助金额，比美国政府所给的经济援助还多。

如他所言，如果我们只相信显而易见的事情，许多绝佳契机将从手中溜走。唯有在自己可接受的风险下，伸手挖掘尚未浮出水面的宝贵资源，才可能有更丰硕的成果。这道理不只适用于瞬息万变的金融市场，生活中的其他层面也一样如此。

金句补给站 ▶ 每次我们在 IBM 有新成果，都是因为有人愿意把握机会赌上一切，去尝试一些新东西所致。

——托马斯·沃森，IBM 创办人

“Every time we've moved ahead in IBM, it was because someone was willing to take a chance, put his head on the block, and try something new.”

— Thomas J. Watson

重职责、尽义务、负责任

“我相信每一项权利都伴随着一种职责；每一个机会都伴随着一种义务；每一种拥有都伴随着一种责任。”

John D. Rockefeller, Jr.

——约翰·D·洛克菲勒

“I believe that every right implies a responsibility; every opportunity an obligation; every possession, a duty.”

小洛克菲勒（1874 ~ 1960）是企业家、慈善家，他是老洛克菲勒的第五个孩子，也是唯一的儿子和财产继承者。他曾与父亲共同创办“洛克菲勒医学研究所”（Rockefeller Institute for Medical Research），即现在的“洛克菲勒大学”（Rockefeller University），以及资助全球医疗教育与公共卫生的“洛克菲勒基金会”（Rockefeller Foundation）等公益慈善机构。第二次世界大战期间，他曾成立非营利机构“联合服务组织”（United Service Organization, USO），并于战后捐赠联合国总部用地。

小洛克菲勒出生于美国俄亥俄州，父亲老洛克菲勒是美国史上首位亿万实业家，也是美国史上最大的慈善家之一。父亲创办标准石油公司（Standard Oil，后来的美孚石油公司前身），建立起洛克菲勒家族的商业王国。但节俭成性的父亲从小就教育他要认真记账、做家务赚取零用钱。

小洛克菲勒毕业于布朗大学（Brown University），早年随同父亲经商，但从未真正全面管理过标准石油公司，36 岁后几乎全心参与慈善活动。1930 年代全球大萧条期间，除了资助各项计划创造 7.5 万个工作机会外，他也在纽约市建造知名的“洛克菲勒中心”（Rockefeller Center），成为在纽约市拥有最多不动产的人之一。

小洛克菲勒在 1941 年通过广播发表演说，将世代相传的家训公诸于世，本句也包括在内，传递出一种“重职责才能享受权利、尽义务才能运用机会、负责任才能真正拥有”的成功哲学。

金句补给站 ▶ 我总会试着把每次灾难转变为机会。

——老约翰·洛克菲勒，美国企业家、慈善家

“I always tried to turn every disaster into an opportunity.”

— John D. Rockefellery

原创性至上

“宁愿原创而失败，也不要模仿而成功。”

Herman Melville

——赫尔曼·梅尔维尔

“It is better to fail in originality than to succeed in imitation.”

梅尔维尔（1819 ~ 1891）是19世纪美国小说家、散文家和诗人，著有《白鲸》（*Moby-Dick*）等作品。

梅尔维尔出生于美国纽约市，幼年家境富裕。13岁时，经商的父亲去世，全家陷入贫困。他从18岁起当过四年水手，包括捕鲸船水手在内。他和同伴曾因不堪船长凌虐而在南太平洋的小岛逃船，却碰上食人族，两个同伴被吃掉，只有他因瘦弱而幸免于难，四个月后他才逃离那里，为另一艘捕鲸船所救。这些经历为他日后撰写《白鲸》奠下丰富的知识基础。

《白鲸》是梅尔维尔的代表作，也是美国文坛上重要著作之一。全书描写专横冷酷的独脚船长亚哈追捕一条白色变种抹香鲸莫比·狄克（Moby-Dick）的海上冒险故事。这只白鲸曾杀死三十多名水手，亚哈的独脚也是它的杰作。为报仇而失去理性的船长最后虽然追捕到它，却无法成功杀死它，反而令它在狂怒下撞翻船只，全船水手悉数罹难，只有一名水手伊希梅尔（Ishmael）活着回来，全书就是以他的自述进行。

梅尔维尔这句话，不但适用于作家、画家等创作性职业，也适用于其他各行各业，以及我们对成功的追求。即使我们能通过模仿迅速获得成功，也只是一时的，因为一定还会出现比你更会模仿的人。唯有以自己的想法埋首独创，才能达成他人一时难以模仿的成就。原创而失败还可以累积知识与经验，模仿而成功可就没有这样的好处了。

金句补给站 ▶ 没有在某处失败过的人，不会有成就。

——赫尔曼·梅尔维尔，美国小说家

"He who has never failed somewhere, that man can not be great."

— Herman Melville

主动迎向困难

“面对那些击倒普通人的困难，成功者会开开心心地故意用身体去冲撞。”

Matsushita Konosuke

——松下幸之助

“成功した人は、普通の人ならその困難に打ち負かされるところを、反対に喜び勇んで体当たりしている。”

松下幸之助（1894 ~ 1989）是松下电器创办人，有“日本经营之神”之称，著有销售逾450万册的《道路无限宽广》等多部著作。

松下幸之助出生于靠近大阪的和歌山县，因为父亲在稻米期货市场投资失败而家境贫困，他在11岁小学还没毕业时就开始了学徒生涯，于大阪电灯公司服务超过七年。1918年，24岁的松下幸之助在大阪市创办“松下电气器具制作所”，开发电池式脚踏车灯、灯泡插座等。他的聪明、朴实、善良，以及做事脚踏实地的态度，让松下从家庭式的小工厂拓展成国际知名的电器大厂。第二次世界大战后的电视机、电冰箱、洗衣机三样重要家电产品是松下急速成长的关键。现在的松下则以新锐数码产品见长。

1946年，松下创办“PHP研究所”（PHP代表Peace、Happiness、Prosperity，即“和平”“幸福”“繁荣”），希望通过研究、出版与教育，通过繁荣达到人类的和平与幸福，至今仍是日本重要智库和文化教育机构。1979年，他又捐出个人财产100亿日元，创办“松下政经塾”，以培养日本的21世纪政经领导人才为宗旨。在二十多年来的两百余位毕业生中，有近半数投身政界，推动变革。

当足以击倒一般人的困难出现时，真正想要成功的人，会主动以自己的身体去碰撞它，因为若能克服它，可正是通往成功的大好机会。若一味闪避困难，那么就算没被击倒，也永远只能当个苟安于小天地的胆怯者而已。

金句补给站 ▶ 事事心想事成很危险，大概每三次实现一次比较好。

——松下幸之助

“思ったことが全部実現できたら危ない。3回に1回くらいがちょうどいい。”

—松下幸之助（Matsushita Konosuke）

CHAPTER 3

迎向成功的关键：
下定决心，积极行动，专心致志

有天分的人与成功者之间的差别，就在于有没有足够的努力。人的卓越可以通过对好习惯的培养而达成，只要坚持良好的行为，自然就能达到卓越。

行动是所有成功最根本的关键。要坚持到最后的一分一秒，因为成功很可能就近在咫尺，放弃了可就功亏一篑了。

努力实现天分

“天分有时比桌上的盐巴还不值钱。有天分的人与成功者之间的差别，就在于有没有足够的努力。”

Stephen King

——史蒂芬·金

“Talent is cheaper than table salt. What separates the talented individual from the successful one is a lot of hard work.”

史蒂芬·金（1947 ~）是美国小说家，擅长惊悚、恐怖作品，常以平凡家庭为背景描写真实人性，30 年间创作四十余部长篇与两百多部短篇小说，许多都曾被改编为影视作品。包括《宠物坟场》《刺激 1995》《危情十日》等电影，都改编自他的小说。2003 年，他获美国国家图书奖颁发的“终身成就奖”。

史蒂芬·金出生于美国缅因州的波特兰，2 岁时父亲离家失踪，由母亲带大。他 6 岁时生了大病在家休养，读了很多书，开始尝试写作。他写了四个关于“兔子先生和四个朋友”的故事，妈妈赏他每个故事 25 美元，这是他最早的稿费。他曾偶然在阿姨房里发现一箱恐怖小说和科幻小说，从此开启了他的惊悚小说生涯。中学时他根据自己看过的电影写成故事再卖给同学，但遭老师下令退钱。

自缅因大学毕业后，史蒂芬·金在高中教英文，但仍抽空写些短篇故事投稿贴补家用。1974 年，在妻子鼓励下，他完成原本放弃写下去的《魔女嘉莉》（*Carrie*）一书，最终该书成为他的成名作，给他带来了 20 万美元的报酬，等于教书 31 年的薪水，他因而辞去教职专心写作。他每天至少写 1500 字，8 年间出版 10 本小说，本本畅销。1988 年，他曾有 4 本作品同时进入畅销排行榜。

在《史蒂芬·金谈写作》（*On Writing : A Memoir of the Craft*）一书中，他提到写出好作品的重要条件之一，是多阅读、多写。这样的道理看似平常，但又有多少人做到了？正如他所言，唯有通过持之以恒的不断努力，我们的天分才能转变为具体可见的成果。

金句补给站 ▶ 自信是赢得比赛最重要的因素。而无论你多有天分，你只有一种方法能获取自信、维持自信：努力。

——杰克·尼克劳斯，高尔夫名将

“Confidence is the most important single factor in this game, and no matter how great your natural talent, there is only one way to obtain and sustain it: work.”

— Jack Nicklaus

知道还要做到

“仅仅知道是不够的，还得去应用；仅有意愿是不够的，还得采取行动。”

Leonardo da Vinci

——李奥纳多·达·芬奇

“Knowing is not enough; we must apply. Being willing is not enough;we must do.”

达·芬奇（1452 ~ 1519）是意大利艺术巨匠，也是精通多重领域的天才。他最知名的画作《蒙娜丽莎》目前收藏在法国罗浮宫，是其镇馆之宝；另一知名壁画作品《最后的晚餐》则收藏在意大利米兰的圣玛利亚感恩教堂（Santa Maria delle Grazie）墙壁上，逃过了第二次世界大战的摧残，是目前人类最重要的艺术遗产之一。

除画作外，达·芬奇还留下 1.3 万页左右的笔记与素描，其中有他解剖三十多具人体的内容，也显示出他在光学、机械、天文学及地质学上的深入研究。诸如武装坦克车、迫击炮、机关枪、导弹与潜水艇等军事设备的设计图，都出现在其中，只差没有付诸生产。那年代飞机尚未问世，他却设计出“降落伞”与“滑翔翼”，令人惊艳。他也是音乐家，不但会演奏各种乐器，还自己动手做乐器。有人认为，达·芬奇是超越爱因斯坦的天才。

达·芬奇这句话彰显了“执行”的重要性，后来 18 世纪的德国诗人歌德也讲过一样的话。或许正因为达·芬奇勇于应用知识与执行想法，他才能身兼画家、建筑师、雕刻家、科学家、数学家、音乐家、诗人、解剖专家、军事发明家等多重身份，成为十八般武艺样样精通的“文艺复兴全才”（Renaissance man）。

简单地说，“知”与“行”是两回事，倘若“知而不行”“想但不做”，再好的目标、再棒的知识，都仍只是看不见、摸不着的抽象事物而已。唯有“知而且行”“想并且做”，才能真正踏出迈向成功的步伐。

金句补给站 ▶ 铁因闲置而生锈，水因积滞而不再纯净……不行动也会使头脑的精力干涸。

——李奥纳多·达·芬奇，意大利艺术巨匠

“Iron rusts from disuse; water loses its purity from stagnation...even so does inaction sap the vigour of the mind.

— Leonardo da Vinci

习惯造就卓越

“人的本质体现在他所不断重复的行为中。因此卓越不是一种行为，而是一种习惯。”

Aristotle

——亚里士多德

“We are what we repeatedly do. Excellence, then, is not an act, but a habit.”

亚里士多德（公元前384 ~公元前322）是古希腊哲学家，也是开启西方哲学思想进程的第一人，曾在“柏拉图学园”师从柏拉图近20年。亚里士多德博学多闻、研究领域广泛，同时也是生物学家、数学家、修辞学家、教育家、物理学家、动物学家，著有《诗学》（*Poetics*）、《形而上学》（*Metaphysics*）、《物理学》（*Physics*）、《政治学》（*Politics*）、《尼各马克伦理学》（*Nicomachean Ethics*）、《论灵魂》（*On the Soul*）等近50部作品。

亚里士多德出生于希腊北方，从小丧母，父亲是马其顿国王的御医，他小时候就接触医药与生物方面的知识。10岁时父亲去世，由叔叔收养他，教他希腊文、修辞学、诗学。18岁时他前往雅典，一直到37岁为止都待在“柏拉图学园”。不过他也一直奉行“吾爱吾师，吾更爱真理”的理念，能以不同于柏拉图的新方法研究学问，因此在思想上的成就更多。柏拉图去世后，他在雅典建立自己的学园莱西昂（Lyceum），展开教学和研究工作。马其顿国王曾找他担任亚历山大王子的教师。

在教育上，亚里士多德主张以体育、音乐与哲学陶冶身心。他把教育分为德、智、体三育的见解，影响西方教育观点两千余年。亚里士多德的教学方式是边走边讨论，因而有“漫步学派”或“逍遥学派”之称。在雅典发生反马其顿运动时，他被指控犯了“亵渎神灵”之罪，因而逃到卡尔基（Chalcis）避难，后来病逝。

他的这句话告诉我们，人的卓越可以通过对好习惯的培养而达成，只要不断从事良好的行为，自然就能达到卓越。

金句补给站 ▶ 勇气是人类特质之首，有了它才能确保其他特质的存在。

——亚里士多德

“Courage is the first of human qualities because it is the quality which guarantees the others.”

— Aristotle

把握每一刻

“如果有哪些事你不介意死前完不成的，就留到明天再做吧。”

Pablo Picasso

——巴布罗·毕加索

“Only put off until tomorrow what you are willing to die having left undone.”

毕加索（1881 ~ 1973）是西班牙画家、雕塑家、版画家，也是 20 世纪最为人熟知的艺术家之一。他与布拉克（Georges Braque）共同发展出创新的立体主义风格，打破传统法则将具立体感的各角度同时表现出来。毕加索与马蒂斯（Henri Matisse）、康丁斯基（Wassily Kandinsky）并称为具有前卫特色、与传统文艺分道扬镳的三位“现代派”大师。

毕加索生于西班牙，他先会画东西，在两岁半才学会说话。毕加索父亲就是画家和艺术学校老师，早早就发现儿子有绘画天分。7 岁起毕加索开始向父亲学画，8 岁就完成了第一幅油画，后来父亲还曾要毕加索帮忙修饰自己的作品。13 岁时，毕加索已经画得比父亲好了，自此他父亲把自己的画具交给毕加索，不再作画。

1904 年，毕加索和朋友搬到法国巴黎，很快吸收了凡·高、高更、塞尚等前辈的画风，在 1907 年画出有史以来第一幅不注重女性美，而呈现人体真相的画作《亚威农少女》（*Les Demoiselles d' Avignon*），成为他初次尝试立体派风格的作品。后来他与布拉克分解几何学基本形态再重新组合，创造出前所未有的立体主义风格。

战争也曾是毕加索的作画主题之一。受到 1937 年西班牙内战的启示，毕加索曾以遭空袭毁坏的古城“格尔尼卡”（Guernica）为主题，画了一幅高 349 厘米、宽 776 厘米的超大油画，以黑、白、灰等色调呈现，除了描绘自己对古城遭毁的心情，也讽刺人类战争的愚行。

金句补给站 ▶ 行动是所有成功最根本的关键。

——巴布罗·毕加索，西班牙画家

“Action is the foundational key to all success.”

— Pablo Picasso

别沉溺于已逝的成功

“我从不去看已完成什么事；我只看那些尚待完成的事。”

Madam Curie

——居里夫人

“I never see what has been done; I only see what remains to be done.”

居里夫人（1867 ~ 1934）是波兰女科学家，她是放射性研究先驱，与夫婿居里共同发现了“钋”（Polonium）与“镭”（Radium）两种放射性元素，后专注于提炼镭元素。1903 年居里夫人曾与夫婿一起获颁诺贝尔物理奖。1911 年，丧夫的她又因为单独分离镭再获诺贝尔化学奖，是有史以来唯一一位荣获两次诺贝尔奖的得主。

居里夫人出生于波兰首都华沙，双亲原为波兰贵族，但因当时华沙为俄罗斯所管，因而受到财产充公等迫害。24 岁时，她赴法国巴黎大学（Sorbonne）读书，曾因操劳过度、营养不良而不支晕倒。她住的地方很简陋，却在两年内以第一名成绩取得物理学学士学位与奖学金，接着又用一年时间以第二名取得数学学士学位。其间她认识志同道合的夫婿，婚后一起从事研究。

1898 年，居里夫妇在沥青铀矿的矿渣中发现了放射性元素钋与镭。1903 年，居里夫人在提炼出 1 克的纯镭后，于 6 月以放射能物质的研究获得博士学位，并于同年获得诺贝尔物理奖，是第一位获颁诺贝尔奖的女性。后来，放射能的单位就采用“居里”（Curie）。居里夫人积极提倡把镭用于医疗方面，造福人类。别人问她为什么不学爱迪生为自己的研发申请专利，以求个人财富，她却说“知识为人类之公产，应该让人类共享”。

正因为居里夫人不沉溺于成功的喜悦，认真看待自己的研究，才能在首度获得诺贝尔奖后继续埋首于研究，并再次获得殊荣。与其因眼前的成就而停下来沾沾自喜，不如继续往前奋战，争取更多的成功与荣誉。

金句补给站 ▶　昨天的全垒打赢不了今天的比赛。

——贝比·鲁斯，美国职业棒球大联盟全垒打王

“Yesterday's home runs don't win today's games.”

—Babe Ruth

耐心专注，成功有谱

“如果我曾有过任何重要发现，那应该归功于我的耐心专注，而不是我的其他天分。”

Isaac Newton

——艾萨克·牛顿

“If I have ever made any valuable discoveries, it has been owing more to patient attention, than to any other talent.”

牛顿（1642 ~ 1727）是英国科学家、数学家、天文学家，他是万有引力与力学三定律发现人，也是微积分发明人。30 岁就成为英国皇家学会成员，后来还成为皇家学会会长。

牛顿是一名遗腹子，出生前 3 个月父亲就死了。由于母亲改嫁，从小体弱多病的他由祖母带大。1661 年，他进入剑桥大学的三一学院（Trinity College），在读过笛卡儿的《几何学》后，开始对数学产生兴趣，并在长于数学与科学的教授巴罗指导下，开始精通与应用各种数学知识，并取得学士学位。

后来伦敦爆发瘟疫，学校关闭长达两年。牛顿利用这段时间回老家，思考出许多重要发现，包括万有引力、力学与微积分等。回到剑桥后，他旋即成为三一学院研究员，他的研究与发现甚至让巴罗教授甘愿辞去职务，让牛顿在 27 岁时接任成为教授。1687 年，牛顿总结自己许多重要发现与原理，以拉丁文写成《自然哲学的数学原理》一书。1713 年、1726 年，该书还出版第二版、第三版。

牛顿的重要发现，还包括奠定古典力学基础的三大运动定律（惯性定律、运动定律、作用与反作用定律）、以三棱镜进行色散实验而发现“白光是由七色光合成”、发明反射式望远镜，以及为证明自己的运动定律与万有引力定律而发明微积分。发现哈雷彗星的哈雷，也是用牛顿的数学公式来推算哈雷彗星的运行轨道。如果像牛顿这种成就非凡的学者都认为自己苦思出来的重要发现应归功于“耐心专注”，那么平凡如我们若想成功，又怎能不比牛顿还要“耐心专注”？

金句补给站 ▶ 如果我看得比别人更远，那是因为我站在巨人的肩膀上。

——艾萨克·牛顿，英国科学家

“If I have seen further, it is by standing on the shoulders of giants.”

— Isaac Newton

踏实引来成功

“成功总会造访那些忙得没空追求成功的人。”

Henry David Thoreau

——亨利·大卫·梭罗

“Success usually comes to those who are too busy to be looking for it.”

梭罗（1817 ~ 1862）是 19 世纪美国思想家、作家、诗人，和另一位美国名作家爱默生是好友，两人均为超现实主义（或称超验主义，Transcendentalism）代表性人物，主张人应该相信自己内心的想法与直觉。著作有自然文学经典《瓦尔登湖》（*Walden*）、《河上一周》（*A Week on the Concord and Merrimack Rivers*）、《公民不服从》（*Civil Disobedience*）等。他的著作在生前地位并不高，一战后才渐受重视。

梭罗出生于美国马萨诸塞州康考特城，父亲原本经商，生意失败后改行制造铅笔。梭罗毕业于哈佛大学英语系，曾教过书，也曾帮父亲制造铅笔。他积极参与废奴运动，帮助黑奴逃亡，并发表文章或演说批判蓄奴制度。他的代表作《瓦尔登湖》出版于 1854 年，主要记录他在瓦尔登湖畔亲手搭盖木屋，居住两年多的体验。他在书中谈及自己的生活经验、想法以及心灵感触，除呼吁人们回归大自然之外，也强调简朴生活与心灵探索的重要性。该书内容结合自然、人文和超现实主义理念，影响不少日后的自然文学、科学家与环境学家。

梭罗这句话告诉我们，一个人不要太执意于“一定要追求成功”，不如踏实去做每件该做的事，让自己忙得不亦乐乎。只要把该做的都做好，踏实累积成果，成功自然而然会在你忙得没空追求它时翩然到访。

金句补给站 ▶ 光顾着忙是不够的，因为蚂蚁也在忙。问题在于，我们到底在为什么而忙。

—— 亨利·大卫·梭罗，美国思想家

“It is not enough to be busy. So are the ants. The question is: What are we busy about?”

— Henry David Thoreau

努力于当下

“只有一个时刻最重要——现在！它之所以最为重要，是因为它是我们唯一能掌控的时刻。”

Leo Tolstoy

——列夫·托尔斯泰

“There is only one time that is important – NOW! It is the most important time because it is the only time that we have any power.”

托尔斯泰（1812 ~ 1910）是 19 世纪俄国小说家、社会改革家、和平主义者、道德思想家，作品富于宗教精神及人道主义思想，写实描绘俄国社会，包括长篇小说《战争与和平》（*War and Peace*）、《安娜·卡列尼娜》（*Anna Karenina*）等，以及剧本、书信、日记、论文。《西方正典》作者哈罗德·布鲁姆（Harold Bloom）称他为“文艺复兴以来，唯一能挑战荷马、但丁与莎士比亚的伟大作家”。

托尔斯泰出身贵族庄园，生于莫斯科南方 165 公里的图拉。父母在他十岁前均已亡故，但家产足供他生活无虞。他曾就读于喀山大学东方语言学系，后参加俄国大战英、法、土耳其三国但战败的“克里米亚战争”。战后他漫游欧洲，返乡后兴办学校，提倡人道主义。

他的长篇小说《战争与和平》在 1863 年至 1869 年期间，历经七次修改才完成。为写此书，他跑遍莫斯科所有图书馆，阅读大量历史书籍和相关资料，并亲自到当年的战场画地形图、访问参战者。全书共有 580 个角色，以 1812 年拿破仑侵俄一役为中心，描述三个俄罗斯贵族家族历经无数苦痛后，终于在战争与和平的年代里，领悟人生真谛。

60 岁后，由于同情农民在受到地主、官吏欺压外，还要受到资产阶级的压迫，托尔斯泰的文风大大改变，从《战争与和平》史诗般的笔触，转为《傻子伊凡》（*Ivan the Fool*）中平易近人、带有宗教与道德色彩的风格，希望能传达教育水平较低的一般农民心中。晚年的托尔斯泰力求过简朴的素食生活，后因肺炎去世。

金句补给站 ▶ 我努力从过去中学习，但我会专注于现在，以期规划未来。

——唐纳·川普，房产大亨

“I try to learn from the past, but I plan for the future by focusing exclusively on the present.”

— Donald Trump

坚持到最后一秒

“大多数人都在快成功时放弃。他们在最后一码松了手，在比赛的最后一分钟放弃。此时离触地得分只有一步之遥。”

Ross Perot

——罗斯·佩罗

"Most people give up just when they're about to achieve success. They quit on the one yard line. They give up at the last minute of the game, one foot from a winning touchdown."

佩罗（1930～）是得州富豪、电子数据系统公司（Electronic Data System, EDS）创办人，曾在1992年与1996年两度以无党籍独立参选人身份，先后与克林顿（Bill Clinton）、老布什（George H.W. Bush）、小布什（George W. Bush）等人同台竞选美国总统。1992年那次，他曾获逾百分之十九选票。

佩罗出生于美国得州，父亲是棉花经销商。19岁时他进入美国海军学院，因厌倦海军生涯而在服完役期后离开海军，进入IBM担任业务员。由于升官后高层不接受他的想法，他在32岁离职自行创办EDS公司，提供企业数据处理的外包服务。由于有来自美国政府单位的大笔订单，公司获利甚丰，在1968年公开上市，股价曾在几天内从每股16美元涨到每股160美元。1984年，通用汽车以24亿美元买下他的公司。后来佩罗以7亿美元代价离开，另行创办性质类似的佩罗系统公司（Perot Systems），现在由儿子担任董事长和执行长，自己担任荣誉董事长。佩罗很爱护员工，前伊朗领袖发动革命时，公司有些员工在伊朗受困，他就全力安排救援团队前去将员工带离战区，2012年，佩罗以身价35亿美元在《福布斯》全球富豪排行榜中排名第101位。

1992年，佩罗在CNN知名脱口秀节目《拉里·金现场》（Larry King Live）中宣布参选美国总统，最后落败。1996年他卷土重来，只获得8%的选票，但对独立参选人而言，成绩仍属难得。即便在政治上挫败，佩罗仍是出色的企业经营者。他的这句话告诉我们，要坚持到最后的一分一秒，因为成功很可能就近在咫尺，放弃了可就功亏一篑了。

金句补给站 ▶ 如果你看到一条蛇，当场杀了它就好了，别再指派个委员会处理蛇的问题。

——罗斯·佩罗，EDS创办人

"If you see a snake, just kill it – don't appoint a committee on snakes."

— Ross Perot

汗水带来幸运

“幸运是汗水的红利。你汗流得愈多，你就愈幸运。”

Ray Kroc

——雷·克拉克

“Luck is a dividend of sweat. The more you sweat, the luckier you get.”

克拉克（1902 ~ 1984）是麦当劳公司（McDonald's Corporation）创办人，是他从麦当劳兄弟手中接管了餐厅的特许权把麦当劳经营成全球性品牌。他曾获《时代》杂志评选为20世纪百大人物，《福布斯》杂志曾把他评选为史上最具影响力的20位企业家之一，因为他颠覆了全球的饮食习惯，也把福特汽车统一、平价、快速的成长秘诀带进厨房。

克拉克在一战时曾当过救护车司机。后来在全美各地推销奶昔机时，遇见理查德·麦当劳（Richard McDonald）与莫里斯·麦当劳（Maurice McDonald）兄弟。两人是快餐先驱，原本在加州卖热狗，后来设计出生产线组装手法以快速供应食品。虽然只有汉堡、奶昔和薯条等九样菜色，但价格低廉，因此生意兴隆。1954年，俩人一口气订了八台奶昔机，好奇的克拉克才发现这绝妙的快餐点子，向俩人取得经销权，并于1955年在伊利诺伊州开设第一家麦当劳餐厅。他一面激励业者加盟，一面也设计严格的质量管理手法，以“QSCV”（Quality, Service, Clean, Value，即“质量、服务、卫生、价值”）为理念，十年内把分店拓展到100家。1961年，他以270万美元买下麦当劳，正式取得控制权。截至目前，麦当劳在全球118个国家已有逾3.4万家分店，平均年营收约275亿美元，每天服务超过6900万人。

汗水之所以带来幸运，是因为在努力的过程中，我们才有机会与幸运相遇。如果一个人连流汗都不愿意，只想坐等幸运自动找上门来，可就没资格享受幸运了。

金句补给站 ▶ 成功有两个重要的必要条件，第一是在对的时间待在对的地方，第二是在那个时间点做些事情。

——雷·克拉克

“The two most important requirements for major success are: first, being in the right place at the right time, and second, doing something about it.”

— Ray Kroc

动手就是答案

“最简短的答案就是‘做就对了’！”

Ernest Hemingway

——欧内斯特·海明威

“The shortest answer is doing the thing.”

海明威（1899 ~ 1961）是美国作家，擅长简洁的叙事文体与人物对话，其作品对 20 世纪小说影响深远。他在 1952 年出版以古巴渔村为背景的《老人与海》（*The Old Man and the Sea*），让他在隔年获得普利策奖，1954 年又获得诺贝尔文学奖。7 年后的 1961 年，海明威自杀身亡。他还有《丧钟为谁而鸣》（*For Whom the Bell Tolls*）、《永别了，武器》（*A Farewell to Arms*）、《太阳照常升起》（*The Sun Also Rises*）等重要作品。

海明威出生于美国伊利诺伊州，从小与父亲一样爱打猎、钓鱼，也常与家人到密歇根州的湖畔别墅度假，因此很早就接触大自然。高中时，海明威曾是学校报纸与文学杂志的编辑，这也是他最早的写作经验。在担任报社驻欧记者期间，他向几位作家与诗人讨教过写作技巧，自此，简练明快、不浮夸滥情就成为他重要的写作原则。

他的作品中有不少内容是来自他在两次世界大战以及西班牙内战时的体验，《永别了，武器》是战争爱情小说，描写一战时，意大利一位美国军医官与英国女看护逃到中立国瑞士的故事，也描写战争如何扭曲人性。《丧钟为谁而鸣》则是记录他在西班牙内战时三度以记者身份亲赴前线的作品之一，以美国人参加西班牙反法西斯战争为题材。

他的代表作，也是生前最后一部小说《老人与海》，描写的是渔夫在大海中搏命杀死大鱼，又和嗜血而来的鲨群奋战不懈的故事，讲的是人类不屈服意志坚定的人生观。大海最后也许可以摧毁这位堪称“硬汉”的老人，却无法打败他。

金句补给站 ▶ 你可以摧毁一个人，但你打不倒他。

——欧内斯特·海明威，美国作家

“A man can be destroyed but not defeated.”

—Ernest Hemingway

不做比做错还糟

“做任何决策时，选择做对的事是最棒的，选择做错的事是第二棒的，选择‘什么都不做’是最糟的。”

Theodore Roosevelt

——西奥多·罗斯福

“In any moment of decision the best thing you can do is the right thing, the next best thing is the wrong thing, and the worst thing you can do is nothing.”

西奥多·罗斯福（1858 ～ 1919）是美国第26届总统，于1901至1909年在位，一般称为“老罗斯福”。他的远房堂侄富兰克林·罗斯福（Franklin D. Roosevelt）是美国第32届总统，一般称为“小罗斯福”。老罗斯福曾因调停1905年的日俄战争而在次年获颁诺贝尔和平奖。

老罗斯福出生于纽约的富裕家庭，毕业于哈佛大学，曾任海军部副部长。1898年西班牙战争时，他率领美国第一义勇骑兵团作战，其后当选纽约州长。1901年，在位的麦金莱（William McKinley）总统遇刺身亡，时任副总统的他依法继任总统。上任后他促成巴拿马运河的兴建，并增加国家公园和国家森林，以保护自然生态。此外，他也积极推行反托拉斯法令，防止大企业以限制竞争的方式侵占大众权益。老罗斯福以待人亲和著称，处理内政外交时无不秉持“说话和气，但手持巨棒”的哲学，展现“外柔内刚”的高明手腕。

广受欢迎的绒毛熊“泰迪熊”就是由他的小名“泰迪”（Teddy）而来的。一次外出猎熊时，随从发现一只受伤的熊，但他认为猎杀受伤的动物有损运动家精神而拒绝杀掉它。有漫画家将此事画成单格漫画刊登在报上，“泰迪的熊”（Teddy's Bear）一词就传了开来。后来有商人用它来作为绒毛玩具熊的名字，掀起了一股风潮。

老罗斯福这句话告诉我们“什么都不做”比“做了但错误”还糟。什么都不做或许可以避开错误的可能性，但永远也踏不出迈向成功的那一步。做了但错误，至少还能从中学习经验，改进后再次挑战。

金句补给站 ▶ 成功方程式中最重要的一项因素，就是知道如何与人相处。

——西奥多·罗斯福，美国第26届总统

“The most important single ingredient in the formula of success is knowing how to get along with people.”

— Theodore Roosevelt

卓越造就成功

“不管你做哪一行，通往成功的正确路途，都在于让自己成为该行的佼佼者。”

Andrew Carnegie

——安德鲁·卡耐基

"I believe that the true road to preeminent success in any line is to make yourself master of that line."

安德鲁·卡耐基（1835 ~ 1919）是美国实业家、慈善家，也是卡耐基钢铁公司创办人，有“钢铁大王”之称。他在 19 世纪引领美国钢铁业发展，让美国走向工业大国。他也是当代重要慈善家，捐赠许多财富在全球各地兴建图书馆、学校等公共设施。2005 年，《福布斯》杂志票选他为史上最有影响力的 20 位企业家之一。

卡耐基出生于苏格兰，12 岁时举家迁往美国宾州。他做过棉纺厂学徒，当过电报局职员，后来到铁路公司任职，10 年后升为西部管区主任。其间他找机会多方投资，累积了一些资金。30 岁时，预见钢铁需求的他辞去了工作，投入钢铁业。到他合并旗下钢铁厂成立卡耐基钢铁公司前，他手中的钢铁产量已占美国钢铁产量的七分之一。后来他的公司发展到年营收 4000 万美元，产量甚至超过整个英国的产量。当时美国经济界视他与洛克菲勒、摩根为三巨头。

1901 年，他以近 5 亿美元把卡耐基钢铁公司卖给摩根财团，与其他钢铁公司合并为“美国钢铁公司”，自己则展开慈善事业。当年卡耐基还在电信局当送信小工时，老板每周六下午都会开放私人图书馆供没钱买书的青少年阅读，卡耐基就是常客之一。事业成功后，感恩的卡耐基资助 6000 万美元，在美国各州成立 1600 多间公共图书馆。再加上加拿大、巴西、澳洲等地，他在全球共资助成立 3000 多间图书馆。

卡耐基看准钢铁需求，在内战后的美国崛起，不但在钢铁界成为佼佼者，也成为整个工商业界数一数二的成功人士。只要在自己所属的领域中做到最好，就不怕成功不来。

金句补给站 ▶ 把你所有的能量、心思与资金都集中于一点。聪明人会把自己的蛋都放在同一个篮子，然后小心盯着它。

——安德鲁·卡耐基，钢铁大王

“Concentrate your energies, your thoughts and your capital. The wise man puts all his eggs in one basket and watches the basket.”

—Andrew Carnegie

好东西得靠自己争取

“等待的人可能捡得到东西，但捡到的都是那些积极努力者所剩下来的。”

Abraham Lincoln

——亚伯拉罕·林肯

“Things may come to those who wait, but only the things left by those who hustle.”

林肯（1809 ~ 1865 年）是美国第 16 届总统，以解放黑奴著称。在他任内，美国发生了历时四年的“南北战争”，最后由林肯率领的北方获胜。1963 年，他在葛底斯堡演说中提到“民有、民治、民享”的政府理念，成为后世民主政治精髓。

林肯出生于美国肯塔基州的贫穷农家，只断续上过不到一年的学，多半靠自修学习。他在 25 岁时当选为伊利诺伊州议员，进入政坛，27 岁时取得律师资格。他也当过国会议员，在 1860 年总统大选中代表共和党夺得大位。1861 年，南方七个州因不满共和党包括反对蓄奴在内的政治主张，脱离联邦自组联盟独立，引发南北战争，其后又有四个州加入其阵营。

战争初期，南方取得许多胜利。为争取南部黑人的支持，林肯在 1861 年 9 月发表由他亲自起草的《解放黑奴宣言》（*The Emancipation Proclamation*），并于次年 1 月 1 日宣布正式生效。南北内战后，就据此修正宪法第十三条，正式立法禁止各地的奴役行为。林肯此举让美国内战从维护国家统一的战争，转变为解放黑奴的战争，对北军最后胜利有决定性影响。1865 年，南军的投降结束了南北战争，但林肯却于 4 月 14 日在福特剧场（Ford Theater）遭白人演员暗杀，宣告不治。

林肯的这句话提醒我们，不努力、只等待或许可以让我们捡到一些别人剩下来的好处；但真正有价值的东西，别人却可能早就带走了。如果不想这样，那就自己积极争取！

金句补给站 ▶ 第一人得蚌肉，第二人只得蚌壳。

——安德鲁·卡耐基，钢铁大王

“The first man gets the oyster, the second man gets the shell.”

— Andrew Carnegie

多加把劲

“在你看来无可避免要败北时，通常是你最接近胜利的时候。”

Bertie Charles Forbes

——贝蒂·查尔斯·福布斯

“Triumph often is nearest when defeat seems inescapable.”

福布斯（1880 ~ 1954）是财经记者、作家，也是《福布斯》（*Forbes*）杂志创办人。他是使商业报道人性化的先驱，1917 年，他创办以金融、商业为主要内容的《福布斯》杂志，至今已近 90 年。该杂志的“全球富豪排行榜”等内容，常吸引全球读者的阅读与引用。福布斯还著有《塑造美国的人》（*Men Who Are Making America*）、《塑造西方的人》（*Men Who Are Making the West*）、《美国汽车巨头》（*Automotive Giants of America*）等书。

福布斯出生于苏格兰，17 岁时在当地报纸当记者，21 岁时前往南非，在《兰德每日邮报》（*Rand Daily Mail*）工作。24 岁他移民美国，曾是美国报业巨头赫斯特（William Randolph Hearst）旗下的头号财经专栏作家。在采访商业人士的过程中，他发现“人”比“生意”还有趣，因此在 1917 年出版《塑造美国的人》一书，让原本只有枯燥数字的商业报道活了起来。该书十分畅销，福布斯因而有了灵感，想创办以人为主的财经杂志。每本零售价 15 美分，订阅只需每年 3 美元的《福布斯》双周刊就此诞生。当年，杂志中便以企业的资产作为评估标准，首次提出“美国百大企业”名单，后来发展为该杂志各种受瞩目的排行榜。

胜利或成功未必就是一条笔直往上延伸的直线，反而可能有高低起伏。如果在即将折返往上的谷底处放弃了、逃走了，到手的鸭子可能就飞了。但若能再坚持一阵子，你很可能就能尝到胜利的果实。

金句补给站 ▶ 当个一流的卡车司机会比当个拙劣的高级主管还要光荣而愉快。

—— 贝蒂·查尔斯·福布斯，《福布斯》杂志创办人

“There is more credit and satisfaction in being a first-rate truck driver than a tenth-rate executive.”

— Bertie Charles Forbes

贯彻决心，付诸实行

“应该做的，就决心去做；决心去做的，就务必做到。”

Benjamin Franklin

——本杰明·富兰克林

“Resolve to perform what you ought; perform without fail what you resolve.”

富兰克林（1706 ~ 1790）是美国开国元老之一，也是知名政治家、外交家、作家和科学家，曾协助另一位开国元老杰弗逊（Thomas Jefferson）起草《独立宣言》。他是美国史上第一位大使，曾出使巴黎，促成法美同盟条约以及承认美国独立的英美巴黎条约。回国后，他担任过宾州州长。富兰克林的著作包括《富兰克林自传》（*The Autobiography of Benjamin Franklin*）、《穷理查历书》（*Poor Richard's Almanac*）等。

富兰克林出生于波士顿，父亲以制造蜡烛与肥皂维生。他只读过两年小学，12 岁起在哥哥的印刷店里当学徒，并利用空闲时间自学苦读、练习写作。16 岁时他曾以笔名在哥哥创办的美国第一份独立报纸《新英格兰新闻报》（*New England Courant*）发表过 14 篇小品文。后来，富兰克林在费城经营印刷事业，1752 年他就是在那里进行电风筝实验，成为电学研究先驱并发明了避雷针。

除自传外，他从 1732 年起连续写了 25 年的《穷理查历书》，透过主角穷理查来谈许多人生经验与小智慧。诸如“早睡早起”（Early to bed and early to rise）、“天助自助者”（God helps those who help themselves）、“时间就是金钱”（Time is money）等格言，都出自此书。

富兰克林原本也反对北美各殖民地脱离英国，只想建立英王统治下的美洲殖民地联盟，但由于英国一直采取强制手段，让他最后也投入独立建国的行列。如果当初富兰克林没有认为“应该”这么去做，而且“贯彻决心”付诸实行的话，可能也就没有什么《独立宣言》，以及现在的美国了。

金句补给站 ▶ 如果你听到自己内心有个声音在说“你画不好的”，你就想尽办法去画，那声音就会自己消失。

——凡·高，荷兰后印象派画家

“If you hear a voice within you say "you cannot paint," then by all means paint, and that voice will be silenced.”

— Vincent van Gogh

先发制人，主动改变

“在被迫改变前，自己赶快先改变。”

Jack Welch

——杰克·韦尔奇

“Change before you have to.”

韦尔奇（1935 ~ ）是美国通用电气集团（GE）公司前首席执行官，担任该职达二十年。他创立新式的管理手法与领导风格，获得各界推崇与效法，堪称专业经理人的最佳典范之一。《时代》杂志曾在 1999 年票选他为“20 世纪第一经理人”。

韦尔奇出生于美国马萨诸塞州，在伊利诺伊大学取得化工博士学位后，于 1960 年进入通用公司工作，担任塑胶部门的研发工程师。31 岁时，他成为公司有史以来最年轻的事业部门经理。1981 年，45 岁的他又当上通用公司首席执行官，再度破了通用公司该职位的最年轻纪录。

担任通用 CEO 的 20 年间，韦尔奇不但带领公司从 250 亿美元的年营收成长到 1300 亿美元、获利从 15 亿美元成长到 127 亿美元，还开发出许多管理技巧，成为各大学 MBA 课程与企业的抢手模板。例如，他要求各事业部门必须“数一数二”，在所属产业中抢第一，至少也要第二名。做不到的，就整顿、裁撤或出售。只要每个部门都是各领域的第一或第二，那么整个通用集团自然也就“数一数二”了。1996 年起，韦尔奇在通用公司内部推动“六个标准差”（Six Sigma）的全面质量活动，现在也成为许多企业提升产品与服务质量的圭臬。此外，他加倍奖励表现最好的 20% 的员工，辞退表现最差的 10% 的员工，不断提升团队素质。

韦尔奇上任 CEO 的第一年，就致力于破除自己痛恨的官僚与粉饰太平的文化。他有个外号叫“中子杰克”（Neutron Jack），就是形容他在改革与裁员时的大刀阔斧。自己先变，才能掌握主动，立于不败之地；若等到压力来袭才变，可就有苦头吃了。

金句补给站 ▶ 改变的意愿是一种力量，即使它意味着你必须让公司的一部分暂时处于全面性混乱。

——杰克·韦尔奇，通用公司前首席执行官

“Willingness to change is a strength, even if it means plunging part of the company into total confusion for a while.”

— Jack Welch

步步为营，稳扎稳打

“我的哲学是，你不只要对自己的人生负责，而且要在这一刻尽可能做好，以让自己在下一刻能处于最佳位置。”

Oprah Winfrey

——奥普拉·温弗瑞

“My philosophy is that not only are you responsible for your life, but doing the best at this moment puts you in the best place for the next moment.”

奥普拉（1954 ~ ）是美国知名脱口秀主持人，招牌节目《奥普拉脱口秀》（*The Oprah Winfrey Show*）在全美每天有数百万人收看，并在全球百余国播放。2005 年，她获《福布斯》杂志选为全球第 9 位最有权势的女性，并被《福布斯》选为史上第一位身价超过 10 亿美元的非裔美国女性。2013 年，她以身价 29 亿美元在《福布斯》排行榜中排名 184。

奥普拉出生于美国密西西比州的黑人农家，从小由外婆带大，6 岁才搬去和外出工作的母亲住。她在 9 岁时曾遭表哥强暴，后来又遭叔叔性骚扰，并曾因而自暴自弃，在 14 岁就怀孕早产下不久后就夭折的儿子。她到田纳西州与管教严格但鼓励孩子的父亲同住后，以全额奖学金学生的身份就读田纳西州立大学传播学系，从此步上正途。

奥普拉一学会讲话就爱表演，小时候就曾“专访”过自己的洋娃娃。1984 年，她在芝加哥的 WLS 电视台主持晨间冷门时段的半小时谈话节目，大受欢迎，后来改名为《奥普拉脱口秀》，并延长到 4 个小时。1986 年，该节目从地方性节目变成全国播放的节目。

1996 年起，她在节目中开辟“奥普拉读书俱乐部”单元，任何冷门书只要一经她认可而推荐，就会马上跃升为畅销书，至少多卖上百万本，形成所谓的“奥普拉效应”。奥普拉幼年时成长环境不健全，年少时轻狂不羁，到如今成为全球教主级人物。由她来讲述自己对于成功的看法，绝对有其说服力。成功者都是历经这一刻，才造就了自己的下一刻；如果现在得过且过，以后遭殃的就是自己了。

金句补给站 ▶ 你对时间的运用，决定了你是什么样的人。

——奥普拉·温弗瑞，美国知名脱口秀主持人

“How you spend your time defines who you are.”

—Oprah Winfrey

该做就做，无关心情

“我不会等好心情出现才动手，这样你做不了任何事。你的脑子必须知道自己何时该着手工作。”

Pearl S. Buck

——赛珍珠

“I don’t wait for moods. You accomplish nothing if you do that. Your mind must know it has got to get down to work.”

赛珍珠（1892 ~ 1973）是美国作家，曾于 1938 年获得诺贝尔文学奖。生平作品逾百部，包括小说、诗集、儿童文学等，主题涵盖女性、亚洲人、移民、领养、人生冲突等，最知名的是 1931 年出版、描写中国农村的代表作《大地》（*The Good Earth*），曾获美国普利策奖。其后她出版《大地》续集《儿子们》（*The Sons*）与《分家》（*A House Divided*），三者合称“大地三部曲”。其他作品包括《龙种》（*Dragon Seed*）、《东风西风》（*East Wind, West Wind*）等。

赛珍珠出生于美国弗吉尼亚州，父母是长老教会的传教士。她出生后不久就随父母前往中国江苏省的镇江，在那儿待了 18 年，还学习四书五经。返美接受大学教育后，她又在中国生活了 40 年，“赛珍珠”就是她自己取的中文名字。她称中文为“第一母语”，还曾花费 4 年时间将《水浒传》译为英文，取名《四海之内皆兄弟》（*All Men Are Brothers*）。

赛珍珠甚为关怀社会运动与人道主义，她曾在 1949 年成立全球第一个正视跨种族血统孩童领养的机构，特别关照美国军人在亚洲各地的非婚生孩童。在运作近 50 年的历史中，该机构协助安置了逾 6000 名孩童。她还成立“赛珍珠基金会”，援助亚洲几个国家数以千计的孩童，后来这两个机构在 1991 年合并。

赛珍珠曾遭逢母丧、离婚、女儿天生残障、产后因子宫瘤而切除子宫等打击，但仍能在困顿中写出许多出色的作品。让自己不受心情影响，在该做事的时候动手专注去做，或许正是她成功写出无数杰作的方法之一。

金句补给站 ▶ 把你所有心思集中在手边的工作上。阳光也是聚焦才能让东西烧起来。

—— 贝尔，电话发明者

“Concentrate all your thoughts upon the work at hand. The sun's rays do not burn until brought to a focus.”

— Alexander Graham Bell

速度为王，小可搏大

“世界变化得非常快。现在不再是大的击败小的，而是快的击败慢的了。”

Rupert Murdoch

——鲁珀特·默多克

“The world is changing very fast. Big will not beat small anymore. It will be the fast beating the slow.”

默多克（1931 ~）是澳洲媒体大亨，“新闻集团”（News Corp）创办人暨现任首席执行官司。在 2013 年《福布斯》杂志的全球富豪排行榜中，默多克以 134 亿美元身价排行第 30 名。

默多克出生于澳洲墨尔本，毕业于英国牛津大学，父亲去世后他接手中型日报《阿德莱德报》而进入报业。后来默多克连续收购都会及郊区的几份报纸，以及一家唱片公司。1964 年，他买下第一份全国性报纸《澳大利亚人报》，通过这份高质量的报纸，默多克的影响力开始进入精英阶层。他在 1979 年创办的“新闻集团”，目前已有 4 万名员工，旗下事业包括电影、电视、网络、卫星、杂志与书、球队等，拥有知名电影公司 20 世纪福斯、星空卫视，以及美国《纽约邮报》、英国《泰晤士报》等。美国职棒球队洛杉矶道奇队也在 1997 年被默多克以 3 亿多美元整个买下。

在澳大利亚起家后，默多克挺进美国、英国及中国，通过并购壮大自己的媒体帝国。他喜欢买状况不好的媒体，再以雷厉风行的改革让它起死回生。他也很擅长采取与别人不同的经营策略，例如把刚买下的报纸媒体改为以八卦新闻为主，专门挖内幕炒话题。默多克认为，并非所有民众都对严肃话题感兴趣。

新闻集团在 2012 年底分别收购了洋基国际集团旗下的“体育电视网”，以及美国地方体育频道俄亥俄州的“体育时间”。目前新闻集团年营业额约 334 亿美元，已成为全球第二大媒体集团。

金句补给站 ▶ 不要杵在球盘当前的位置，而要滑到球即将抵达的定点。

——韦恩·格雷茨基，冰上曲棍球好手

“I skate to where the puck is going to be, not to where it has been.”

— Wayne Gretzky

今天就动手

“昨天走了。明天还没来。我们只拥有今天。来，动手吧。”

Mother Teresa

——特蕾莎修女

“Yesterday is gone. Tomorrow has not yet come. We have only today. Let us begin.”

特蕾莎修女（1901 ~ 1997）是全心为穷人服务达半世纪的宗教学家、慈善家和教育家，曾获颁 1979 年诺贝尔和平奖。她毕生以印度加尔各答为中心，还在非洲、亚洲、南美洲等地，默默照顾那些最容易被遗忘的人，让他们感到被爱且有尊严。

特蕾莎修女出生于奥斯曼帝国的斯科普里（今属马其顿共和国），阿尔巴尼亚族人，父亲是杂货商，在她 7 岁时去世，由虔信天主教的母亲做女红养大。她 12 岁就立志到国外传教，18 岁加入爱尔兰的社区修女会，接受数个月训练后，前往印度加尔各达，在圣玛莉高中从事教职，后来成为终身修女。为替穷人服务，她自己也只穿三套印度贫民的传统衣服，不穿袜子，只穿凉鞋，不使用任何电器，吃住都很简单，感召了许多义工和团体加入。

1950 年，她在加尔各答创立“仁爱传教修女会”（Missionaries of Charity），给最贫穷的人食物及悉心的照料。1952 年，她又在加尔各答的卡里（Kali）神庙旁成立世界知名的“垂死之家”（Home for the Dying），收容无家可归、年长和重症的贫困病患，让他们在临终前能得到一些人间温暖和爱，安详离开人世。1979 年，特蕾莎修女获颁诺贝尔和平奖，但她认为自己“不配”，还婉拒接受奖金，只希望全球有更多人能发挥爱心，了解与帮助贫困的人。

无论是特蕾莎修女从事的奉献工作，还是我们在生活或工作上追求任何目标，都一样要不沉湎于过去，也不干等未来，以“今天就动手”为最高指导原则，把握时机去做，才能稳健地朝目标迈进。

金句补给站 ▶ 今天不开始做的事，明天永远不会完成。

——歌德，德国戏剧家

“What is not started today is never finished tomorrow.”

— Johann Wolfgang von Goethe

CHAPTER 4

迎向成功的必备心态：谨慎，省思，准备

我们愈严格反省自己，就愈能发现值得改进的地方，就能进步得愈多、愈快；如果只一味怪罪于外力因素而不知反求诸己，恐怕永远都找不到问题核心，更不用说成功了。

最后最为成功的人，都是那些稳定累积成果的人。如果输掉一场战役所获得的经验、知识或启发，能造就日后更多场战役乃至于整场战争的胜利，当然值得。

宁早勿晚

“宁愿提早三小时，也不要延迟一分钟。”

William Shakespeare

——威廉·莎士比亚

“Better three hours too soon than a minute too late.”

莎士比亚（1564 ~ 1616）是英国文豪，他是诗人，也是少数同时精于喜剧与悲剧的剧作家。莎士比亚有 37 部悲剧、喜剧、历史剧，154 首十四行诗，以及两部长诗。其“四大悲剧”是《哈姆雷特》（*Hamlet*）、《奥赛罗》（*Othello*）、《李尔王》（*King Lear*）以及《麦克白》（*Macbeth*）；“四大喜剧”则是《皆大欢喜》（*As You Like It*）、《驯悍记》（*The Taming of the Shrew*）、《仲夏夜之梦》（*A Midsummer Night's Dream*），以及《第十二夜》（*Twelfth Night*）。爱情大悲剧《罗密欧与茱莉叶》（*Romeo and Juliet*）同样出于他之手。

莎士比亚出生于伦敦西北方小镇，后前往伦敦争取为剧团写剧本的机会。28 岁左右，他完成第一部剧本《亨利六世》（*King Henry the Sixth*），崭露头角。早期的莎翁多半撰写喜剧，对现实人生多赞美而少嘲讽，多肯定而少批评；晚期在他对人生有更多体悟后，处于动荡不安环境中的他，更长于悲剧。

这句话出自莎士比亚喜剧《温莎的风流娘儿们》（*The Merry Wives of Windsor*），剧中有位游手好闲、脑满肠肥的没落骑士福斯托夫（John Falstaff），在温莎小镇自以为风流，想调戏当地的几个已婚妇人，结果不是一再被捉弄，就是被捉奸的丈夫毒打。这句话是以假身份刺探出福斯托夫想染指自己老婆后，决定提早前往某地点捉奸的丈夫所讲的。

这话虽然出自喜剧，但若应用到生活中，倒也十分贴切。与人相约时，宁可等人，勿让人等。赴约或工作时，应预挪时间，以防突发状况。能管好时间，才能把时间应用于追求成功之上。“宁早勿晚”，正是这样的原则。

金句补给站 ▶ 过去我浪费光阴，现在光阴消耗我。

——威廉·莎士比亚，英国文豪

“I wasted time, and now doth time waste me.”

— William Shakespeare

反省以求提升

“检视决策的结果与期望间的落差，可以让主管们知道自己的强项是什么、哪里需要改进，以及自己缺少哪部分的知识或信息。”

Peter F. Drucker

——彼得·德鲁克

"Checking the results of a decision against its expectations shows executives what their strengths are, where they need to improve, and where they lack knowledge or information."

德鲁克（1909 ~ 2005）是有“现代管理学之父”称号的大师级人物，著作逾 30 部，在人力资源、组织、策略、领导发展等议题上都有独到见解，对 20 世纪的管理思潮影响至为深远，对趋势的观察也总能一针见血。1950 年代，他就预言过计算机在未来的重要性；“知识经济”的概念，他也早在 1968 年《断层时代》一书中便已提及。

德鲁克是出生于奥地利维也纳的犹太人，8 岁随家人移民美国，曾任报社海外通讯记者、伦敦某国际银行的经济评论员以及银行与保险集团的经济分析员。德鲁克为企业做诊断时，通常不会直接讲出答案，而会帮你找出“问题”。他认为，只要“问对问题”，答案就呼之欲出了。他有一套知名的“问题组”，专门用来帮客户找到真正的问题：“你真正想做的是什么事？”“你想那样做是为了什么？”“你目前正在做的是什么事？”“为什么你会这样做？”

通过这些简单的问题，德鲁克会帮客户界定与认清真正的问题所在，接下来只要客户自己动手去处理个中最重要、最需处理的事项，问题就会迎刃而解。这种检视“期望”与“事实”间差距的技巧，和这则金句恰有异曲同工之妙。

简单地说，决策的结果若与期待相近，甚或超过期望，就是强项所在，未来应加注资源，让强项有更好的发挥；而结果若与期望产生莫大落差，就表示那是必须改进之处，或是自己缺少资源或知识之处，应谋求强化改进之道，以免重蹈覆辙。反省就是提升，失败者如此，成功者亦然。

金句补给站 ▶ 做对事情比把事情做好重要。

——彼得·德鲁克

“It’s more important to do the right thing than to do things right.”

— JPeter F. Drucker

平稳累积成果

“我每一洞的杆数不会突然很好或很差，我只是努力让每一洞都能平标准杆而已。”

Tiger Woods

——老虎伍兹

“I didn't have many ups and downs, and I just tried to par every hole.”

老虎伍兹（1975 ~）是美国黑人高尔夫名将，至2005年底已在四大职业高尔夫球赛（美国公开赛、英国公开赛、大师赛、美国PGA锦标赛）中赢得10座冠军奖杯，名列职业高尔夫球史上第三，仅次于另外两位已退休的职业高尔夫球手杰克·尼克劳斯（Jack Nicklaus）的18座冠军奖杯，以及沃尔特·哈根（Walter Hagen）的11座冠军。

老虎伍兹出生于加州，父亲有黑人、印第安人与中国人的血统，母亲有泰国、中国与荷兰血统。他的本名是艾德瑞克·伍兹（Eldrick Woods），由于父亲在越战中有个同伴叫“老虎”，因而在出生时将此取为他的小名。年轻时参加高尔夫球赛后，“老虎伍兹”的称号就开始流行起来。

老虎伍兹13岁时就打出9洞48杆的成绩，15至17岁时连续三年夺得美国青少年业余锦标赛冠军，18岁那年又成为全美最年轻的业余比赛冠军，而且连续三年夺冠。20岁时，他在大密尔瓦基公开赛（Greater Milwaukee Open）之后进入职业高尔夫球界。1997年，21岁的他在连续四天各打18洞的大师赛（Masters）中，以低于标准杆18杆的270杆成绩夺冠，比第二名少了12杆。在2001、2002以及2005年的大师赛中，他又三度夺得冠军，并在2013年第十一度获选为年度最佳球员。

1996年底，他成立“老虎伍兹基金会”（Tiger Woods Foundation）推动协助贫童等慈善活动以及推广高球的活动，目前由他的父亲厄尔·伍兹（Earl Woods）担任董事长。老虎伍兹这句强调“在平稳中累积成功”的话，正可以送给急功近利、想要一步登天的人们作为借镜。

金句补给站 ▶ 最后最为成功的人，都是那些稳定累积成果的人。

——贝尔，电话发明者

“The most successful men in the end are those whose success is the result of steady accretion.”

— Alexander Graham Bell

时时认真，做好准备

“如果你把练习当成在比赛，正式上场时就不会有任何差别。这是我之所以这么拼命练习的原因。我想为比赛做好准备。”

Michael Jordan

——迈克·乔丹

“If you practice the way you play, there shouldn't be any difference. That's why I practiced so hard. I wanted to be prepared for the game.”

乔丹（1963 ~）是美国职业篮球赛NBA中芝加哥公牛队（Chicago Bulls）前选手，他让公牛队获得六次总决赛冠军，每场比赛平均得分30.12分，是NBA有史以来最高纪录。他的弹跳力惊人，投篮准确，能在空中避开防堵，因而有“飞人乔丹”（Air Jordan）称号。他曾五度获得MVP（最有价值球员）荣耀，上过《运动画刊》（*Sports Illustrated*）封面四十九次，也曾在1991年获该杂志评选为“年度运动员”。体育专业频道ESPN也在1999年评选他为“北美20世纪最杰出运动员”。乔丹曾两度退役、两度复出，在2003年三度退役。

乔丹出生于纽约布鲁克林区，小时随家人移居北卡罗来纳州。高中时他就擅长篮球、棒球、足球，后来以篮球奖学金进入北卡罗来纳大学就读。1982年，他以新人之姿带领校队在NCAA（全美大学联赛）的决赛中以一分之差击败对手获得冠军。最后一刻制胜的一球，就是他投的。1984年，才读大三的乔丹因为表现优异而参加NBA选秀会，以首轮第三顺位被公牛队选中。

1987年，乔丹以平均得分37.1分荣膺“得分王”头衔，后来连续七年保有此头衔，一直到他首度退役为止。乔丹加入后，公牛队曾在1991年首度赢得冠军，这是该队25年来第一个NBA总冠军，接下来两年又连续称霸冠军。乔丹曾在1993年退投以圆职棒梦，但由于表现不如预期，他在1995年回到公牛队，再度带领它在1996年至1998年的总决赛里成就三连霸。1999年，乔丹二度宣布退役，后来参与华盛顿奇才队的经营，并在2001年亲自披挂上阵，在2003年正式退役。乔丹在NBA有这么辉煌的成绩，除了他的天分外，他视每次练习为比赛的认真心态，恐怕也是重要原因之一。

金句补给站 ▶ 要把明天的工作做好，最好的准备就是先做好今天的工作。

——阿尔伯特·哈伯德，英国作家

“The best preparation for good work tomorrow is to do good work today.”

— Elbert Hubbard

做好各种盘算

“只想着要赢，而不知道也可能输掉的话，将会深受其害。”

Tokugawa Ieyasu

——德川家康

“勝つことばかり知りて負くるを知らざれば、害その身に至る。”

德川家康（1543 ~ 1616）是日本战国末期军事家、政治家。他是日本史上第一个统一全国的武将，也是江户幕府第一代大将军。他在日本战国时代扫平群雄，开创历时 264 年的江户幕府。

德川家康出生于三河国冈崎城（现爱知县冈崎市），本名松平元信，小名竹千代，后来又改名为元康。他的父亲原本是三河国主，后来向今川家称臣，因此他在八岁至十九岁时以人质身份在今川家待了 12 年。19 岁时，今川义元在“桶狭间之战”中败给织田信长而阵亡，他趁机回归根据地三河独立。由于名字中的“元”来自于今川义元，他向朝廷申请改名“家康”，后来才又改姓“德川”。其后，德川家康与织田信长成为盟友，不断扩张势力。1582 年，织田信长于“本能寺之变”遭叛将明智光秀讨伐身亡后，德川家康趁乱坐大。

德川家康的关键战役是 1600 年的“关原之战”。丰臣秀吉死后，大权落入德川家康之手，导致丰臣原本的部属石田三成不满，引发此战。德川家康组织东军，击败以石田三成为首的西军，巩固自己取得天下的地位，三年后他成立江户幕府，又称德川幕府，他也成为日本天皇之下地位最高的征夷大将军。其后，他又在 1614 年与 1615 年分两次歼灭丰臣家的势力，完成统一日本的霸业。

想赢是人之常情，但就算你再有信心，也还是应该在拟订作战计划时，把战败或失手时的剧本也考虑好。如果认为自己“必胜”而没有想好对策，到时若不幸输掉，就可能失去转进他处、东山再起的最佳机会了。

金句补给站 ▶ 想成就大事，就不能怕麻烦而只做主要事项。其他事项也应该尽可能全部好好地做完。

——德川家康，日本战国末期军事暨政治家

“大事を成し遂げようとするには、本筋以外のこと、全て荒立てず、なるべく、穏便に済ますようにせよ。”

——德川家康（Tokugawa Ieyasu）

严以律己

“反省的严格程度与进步程度呈正比。”

Honda Soichiro

——本田宗一郎

“進歩とは反省の厳しさに正比例する。”

本田宗一郎（1906 ~ 1991）是日本实业家，有“日本的福特”之称。他是本田技研工业株式会社创办人，与新力公司的共同创办人井深大一样，是第二次世界大战后日本具代表性的技术创业家。

本田宗一郎出生于日本静冈县，父亲是铁匠，小学毕业后只身赴东京担任汽车修理工，后来担任分店店长。1946 年，他创办“本田技术研究所”，生产纺织机械，后来把改良后的发电机，安装到一般脚踏车上，使之成为机动、脚踏两用车，大获好评。后来，他又开发出“A 型引擎”，成为发展摩托车的序曲。1951 年，本田推出日本第一部四冲程引擎摩托车，无论排气量或马力都领先日本其他摩托车厂十年之多。1959 年，本田在美国洛杉矶成立分公司，并于英国的 125CC 摩托车赛中夺冠，自此扬名。后来，该公司又一直在摩托车赛中夺魁，进而利用在摩托车领域的经验与所获资金，进军汽车业。1972 年的第一代思域汽车，由于高燃率、低公害，在全球大受好评，也让本田愈来愈兴盛。65 岁时，本田宗一郎爽快地退休，把领导人位置交棒给才 45 岁的继位者，成为一大佳话。目前，本田汽车是日本第三大车厂，仅次于丰田汽车与日产汽车。

本田宗一郎这句话的道理很简单：我们愈严格反省自己，就愈能发现值得改进的地方，从而进步得愈大、愈快；我们愈容忍自己的错误或不甚完美的地方，就愈会坐视自己沉沦，而进步得愈少、愈慢。要想成功，最好还是多挑自己的毛病！

金句补给站 ▶ 人类需要的是困扰。必须把他逼到无路可退，才能让他发挥出真正的力量。

——本田宗一郎

“人間に必要なのは困ることだ。絶体絶命に追い込まれた時に出る力が本当の力です。”

——本田宗一郎（Honda Soichiro）

挺进下一个目标

“打出第 *2000* 支安打的那瞬间我很感动，但当时我心里想的是‘下一个打席不能放松’。”

Suzuki Ichiro

——铃木一郎

“打った瞬間には感動しましたけど、その時考えたのは、“次の打席が大事”だということ。”

铃木一郎（1973 ~ ）是日本棒球选手，曾加入日本职棒太平洋联盟的欧力士队，2001 年起在美国职棒大联盟登场，现为纽约扬基队外野手。他右手投球、左手打球，并参考高尔夫球选手挥杆姿势发明独特的“钟摆打法”。他的安打数之多，在日本有“安打制造机”之称，美国《纽约时报》则称他“以球场为画布的艺术家”。

铃木一郎出生于日本中部的爱知县，三岁起由打过棒球的父亲教他棒球，从小就利用投球机练打快速球，也练习选球能力。他就读爱知工业大学附属名古屋电气高中，毕业后获日本职棒太平洋联盟的欧力士队挑选进入二军，一年的时间就升为一军。自 1994 年至 2000 年，他连续七年拿下太平洋联盟打击王，在日本职棒的生涯打击率高达 35.3%。2000 年 11 月，欧力士队同意让他转战美国大联盟，由西雅图水手队出价 1312.5 万美元与他签订三年合约。2004 年 5 月，他完成职棒生涯第 2000 支安打，同年 10 月，他又以单季 258 支安打打破美国职棒大联盟自 1920 年以来的单季 257 支安打的纪录，2013 年，铃木击出职棒生涯中第 4000 支安打，成为史上第三位达成此纪录的职棒球员。

铃木一郎在打出职棒生涯第 2000 支安打时固然很感动，但随即他就想到“下一回登场打击不能放松”。这种保持斗志、不因胜利而冲昏头的冷静想法，或许才是他在美国职棒大联盟常保良好表现的原因。如果太过沉迷于一时的胜利，可能就要小心“乐极生悲”了！

金句补给站 ▶ 胜利是败北的开始，败北是胜利的开始。

——吉川英治，《宫本武藏》作者

“勝つは負ける日の初め、負けるはやがて勝つ日の初め。”

——吉川英治（Yoshikawa Eiji）

找对目标再用力

“尽全力做好是不够的；你必须先知道该做什么，再去尽全力做好。”

W. Edwards Deming

——威廉·爱德华兹·戴明

“It is not enough to do your best; you must know what to do, and then do your best.”

戴明（1900 ~ 1993）是美国统计学家，也是质量管理先驱，有“质量之神”之称。他的理论成为后来“全面质量管理”理论的基础。美国品管学会（American Society for Quality Control）成立时，戴明就是创始会员之一。由于在第二次世界大战后指导日本企业发展，戴明还获得日本裕仁天皇颁发“二等珍宝奖”，是第一个获颁此奖的美国人。

戴明出生于美国爱荷华州苏城，在耶鲁大学取得物理学博士学位，深受贝尔实验室的“现代品管之父”休哈特（Walter A Shewhart）博士的影响。休哈特发明了“统计制程管制”，也就是利用统计方法察觉制程的异常，然后立即采取改善措施，以避免不良品的产生。

第二次世界大战后，日本百废待举，亟需专家的协助。戴明在1950年应邀前往，与企业高级主管进行为期九天的研讨会，介绍“统计制程管制”理论，场场爆满。丰田汽车的“实时生产”等生产体系，正是受到戴明的启发。此外三菱公司以及家电大厂松下电器等，也一样受到戴明学说的启迪。就是因为他，才让日本企业从原本容忍低劣质量的态度，变为努力建立“高质量”的国际形象。1951年，日本设置“戴明奖”，纪念他对日本质量管制的贡献。当年日本进行的人口普查，也是戴明帮忙设计程序的。

戴明有一套著名的“十四点原则”（fourteen points），它是全面质量管理的基础。另外，戴明也提出知名的“PDCA”循环，又称“戴明循环”，也就是“规划—执行—检查—行动”（Plan-Do-Check-Action），主张凡事遵照这个循环，先规划，再执行，然后在检查过后继续行动，就可以达成持续改善的目标。

金句补给站 ▶ 最无用之事，莫过于以有效的方式把根本不该做的事做好。

——彼得·德鲁克

“There is nothing so useless as doing efficiently that which should not be done at all.”

— Peter F. Drucker

态度决定高度

“能力是指你能做什么。动机决定了你会做什么。态度决定了你能把它做到多好。”

Raymond Chandler

——雷蒙·钱德勒

“Ability is what you’re capable of doing. Motivation determines what you do. Attitude determines how well you do it.”

钱德勒（1888 ~ 1959）是美国犯罪、推理小说作家，作品风格写实，以“硬汉派”主角著称。作品有长篇小说《长眠不醒》（*The Big Sleep*）、《再见，吾爱》（*Farewell, My Lovely*）及短篇小说集《简单的谋杀艺术》（*The Simple Art of Murder*）、《雨中杀手》（*Killer in the Rain*）等，共七部长篇与二十余部短篇小说。

钱德勒出生于美国伊利诺伊州的芝加哥，7 岁因父母离异移居英国。他毕业于伦敦杜尔威奇学院，24 岁时回到美国，当过记账员及会计人员。1933 年，钱德勒 45 岁时，才正式发表第一篇小说《勒索者不开枪》（*Blackmailers Don't Shoot*），初试啼声。1939 年，钱德勒出版成名作《长眠不醒》，这也是他笔下的硬汉私家侦探菲力普·马罗（Philip Marlowe）担任主角的首部长篇故事。钱德勒的作品推翻了英国作品对美国侦探小说领域的宰制，开启了美国本土冷硬派私家侦探小说的革命性新风格。例如《再见，吾爱》一书中，开场没多久就有黑人壮汉冲进白人老板的办公室，一枪杀掉对方的场景。这在过去的推理小说中很少见。钱德勒的写作生涯大约从 1930 年代中期开始，一直写到 1950 年代末期他去世为止。

一个人有能力、有动机，只代表他“能去做”与“会去做”某些事。但如果他的态度不佳，成就将会很有限。唯有采取开放、积极、恳切的态度，真正用心去做，才能把事情做到最好。

金句补给站 ▶ 赢家与输家间的差异，就在于你如何因应命运的每个转折。

——唐纳·川普，川普集团董事长

“What separates the winners from the losers is how a person reacts to each new twist of fate.”

— Donald Trump

反求诸己

“差劲的木匠会和自己的工具吵架；差劲的将军会怪官兵作战技巧不佳。”

Mahatma Gandhi

——圣雄甘地

“It is a bad carpenter who quarrels with his tools. It is a bad general who blames his men for faulty workmanship.”

甘地（1869 ~ 1948）是印度国父，有“圣雄”（Mahatma）之称，他领导印度以和平方式脱离英国殖民统治，因而曾入狱十多次。他是英印谈判的主要人物，促成印度在 1947 年独立。1948 年，甘地不幸遭印度教激进分子刺杀身亡。

甘地出生于印度一个虔诚信奉印度教的家庭，崇尚仁爱、不杀生、素食、苦行等理念。他本名为莫罕达斯·卡拉姆昌德·甘地（Mohandas Karamchand Gandhi），年轻时就对万物很有爱心，甚至爬上芒果树照顾芒果。他到英国学习法律，取得律师资格后，前往南非执业。由于当地对有色人种的歧视十分严重，身受其苦的他，因挺身表达对这种不公平待遇的抗议，引来外界的关注与压力。不断努力下，1914 年，南非终于取消对亚裔人士的不公平政策。

1915 年，甘地自南非回到印度。他深知印度不可能以武力取得独立，因此宣扬“真理的力量”，发起数次“非暴力不合作运动”，以绝食等不流血方式诉求理念，但屡遭镇压。第二次世界大战后，英国精疲力竭，又惮于印度民族的解放势力，才终于答应了印度的独立要求，后人也尊称甘地为印度国父。

当一件事做不成的时候，有的人会怪罪工具不好、怪罪其他人不对，但就是没有检讨自己。有时候，自己的问题反而比工具、比其他人的问题大得多。如果只一味怪罪于外力因素而不知反求诸己，恐怕永远都找不到问题核心，更不用说成功了。

金句补给站 ▶ 力量不来自于体力，而来自于不屈不挠的意志。

——圣雄甘地

“Strength does not come from physical capacity. It comes from an indomitable will.”

— Mahatma Gandhi

胜利愈近，愈要小心

“胜利时刻会是你最危险的一刻。”

Napoleon Bonaparte

——拿破仑·波拿巴

“The most dangerous moment comes with victory.”

拿破仑（1769 ~ 1821）出生于法国科西嘉岛，是知名军事家、政治天才，曾任法国皇帝。他年轻时就苦读世界各国战史、精研兵书，因此用兵有道。全盛时期，他率领法国横扫除英国外的整个欧洲大陆，在强化法制、改革经济等方面也有建树。

拿破仑的祖先曾是意大利贵族，后移居科西嘉岛，但到父亲这一代时已趋没落。他毕业于巴黎皇家军校，在校学习炮兵，后来在军旅中屡建奇功，曾在土伦军港大败英军，因而在 24 岁被破格擢升为炮兵准将。他还曾在巴黎暴动中以火炮痛击数倍于己的叛军而保住皇宫。1799 年，拿破仑发动政变成功，担任“法兰西第一共和国执政官”，开始了自己的统治生涯。

法国的世界级美术馆罗浮宫是他在位时大幅扩建的，他还颁布影响后世甚深的民法（后称《拿破仑法典》），并制定商法、刑法等法律，加强法治架构；同时改革币制、设立法兰西银行以解决通货膨胀问题，让法国财政趋于稳定，并整顿税收、补贴新企业、奖励发明。

1802 年，拿破仑通过公民投票修宪，使自己成为法兰西共和国的终身执政官，并于 1804 年改共和国为帝国，使自己当上法兰西帝国皇帝，甚至请来教皇庇护七世加冕，自称拿破仑一世。不过，1812 年，拿破仑的 50 万大军却在侵俄时惨败，遭流放到厄尔巴岛。1815 年，拿破仑逃回国内，在支持者簇拥中再次即位，同年却在滑铁卢一役战败，被流放到大西洋上的圣赫勒拿岛，在那里去世。对那些因过于躁进或轻敌最后功败垂成的人来说，由拿破仑这种常胜将军来阐述“胜利在望时不能掉以轻心”的道理，应该是很有说服力的。

金句补给站 ▶ 我的字典里没有“不可能”这个词。

—— 拿破仑·波拿巴，知名军事家

"The word impossible is not in my dictionary."

— Napoleon Bonaparte

挑毛病也得找答案

“别光会挑毛病，也要能寻求改进之道。”

Henry Ford

——亨利·福特

“Don't find fault, find a remedy.”

亨利·福特（1863 ~ 1947）是福特汽车（Ford Motor）创办人，有“汽车大王”之称，也是最早运用组装线来大量生产汽车的人。有人认为他推出的“工人也买得起”的T型车，有助于美国中产阶级的形成。

福特出生于密歇根州，移民自爱尔兰的父母在当地经营农场。他十多岁就懂得操纵蒸汽引擎以及帮人修表，16岁时前往底特律担任机械学徒，后来进入爱迪生的电灯公司工作，还升到总工程师的职务。累积经验后，福特在1896年做出自己的第一部车子，并于1899年成立了底特律汽车公司，但因为他一心只想着研发新车忽视了卖车，导致最终破产。历经重整，公司改名为亨利·福特公司（也是后来的凯迪拉克公司的前身），不过后来他自行退出，并在1903年创办福特汽车。

当时的车子是昂贵的奢侈品，福特却希望做出每个工人都买得起的车子，因此甚至遭邻居讥笑为“疯子亨利”。历经多年实验与改良，福特汽车在1908年推出坚固耐用、容易驾驶又便宜的T型车，并于1912年将售价压低到每部575美元，低于当时美国民众的年平均工资，实现了平价汽车的梦想。通过设计与生产上的不断改良，后来每台T型车只要260美元。

1913年起，福特接受几个员工的建议，采用组装线大量生产汽车。此举不但让公司凭低价安然渡过1920年代的不景气，更带领工业生产迈入量产时代。到1927年T型车停产时，总销售量已突破了1500万台，是20世纪的经典名车之一。在并购与扩充之下，福特汽车渐渐成为全球知名的品牌，现在依然是全美前三大、全球前十大车厂。

如果我们只懂得挑毛病，而无法设想出解决问题、去除毛病的方法，那么产品一样不会进步。热心于改善产品设计的福特，就是最好的榜样。

金句补给站 ▶ 失败是再次开始的机会。只是这次会更聪明些。

——亨利·福特

“Failure is the opportunity to begin again, more intelligently.”

— Henry Ford

要怎么收获，就先怎么栽培

“别去看自己每天收割了多少，而要看每天你播了多少种。”

Robert Louis Stevenson

——罗伯特·路易斯·史蒂文森

“Don’t judge each day by the harvest you reap, but by the seeds you plant.”

史蒂文森（1850 ~ 1894）是英国小说家、诗人、散文作家、游记作家，善于描写新奇浪漫事物，代表作为《金银岛》（*Treasure Island*），并著有《新天方夜谭》（*New Arabian Nights*）、《化身博士》（*The Strange Case of Dr. Jekyll and Mr. Hyde*）、《绑架》（*Kidnapped*）等书。

史蒂文森出生于苏格兰爱丁堡，从小体弱多病。他的父亲与祖父都是知名的灯塔工程师，后来他也就读于爱丁堡大学的土木工程学系，后来改读法律，并取得律师执照。他大学时就开始写作，为养病曾旅居法国、荷兰、英国、瑞士等地，早期他就写过《内陆航行》（*An Inland Voyage*）、《驴背旅程》（*Travels with a Donkey in the Cévennes*）等记述游历法国的作品。1883 年，史蒂文森出版代表作《金银岛》，描述少年吉姆从垂死的船长手中取得藏宝图后，组成探险队前往荒岛寻找海盗财宝的故事，凭此成为享誉英国文坛的作家。1885 年，他又出版短篇故事集《新天方夜谭续集》（*More New Arabian Nights: The Dynamiter*）。

1886 年的《化身博士》出版半年就销售 4 万本，谈的是人内心的善恶交战。他以现实生活中的盗窃案件为灵感构思出这本小说，主角是一位有双重人格，表面上性格善良的医生杰奇（Jekyll），后来他通过药物让自己变成外形与性格都与原来不同的恶人海德（Hyde），由此引发出离奇故事。后来“Jekyll and Hyde”一词常被用于代指双重人格的人。

史蒂文森虽是才气纵横的作家，但是“想要怎么收获，就先怎么栽培”的道理，他可是没有忘记的。若非他对文学投注热情，随时细心观察周遭的人、事、物，并从中取得灵感，也不会成为写出诸多好作品的史蒂文森。

金句补给站 ▶ 我们的人生事业不在于成功，而在于不断以良好的精神失败。

——罗伯特·路易斯·史蒂文森

“Our business in life is not to succeed, but to continue to fail in good spirits.”

— Robert Louis Stevenson

善用时间

“常人只想到要怎么度过时间；聪明人则会努力去运用时间。”

Arthur Schopenhauer

——亚瑟·叔本华

“Ordinary people merely think how they shall spend their time; a man of talent tries to use it.”

叔本华（1788 ~ 1860）是德国哲学家，认为人生来就是要受苦，一切生命在本质上就是痛苦，哲思以悲观、厌世、逃避为特点，另一德国哲学家尼采早年也曾受叔本华思想影响。作品有《作为意志与表象的世界》（*The World as Will and Representation*）、《附录与补遗》（*Parerga and Paralipomena*）等。

叔本华出生于波兰的富裕家庭，五岁时因普鲁士入侵而举家逃到汉堡。叔本华的父亲从商，在他 17 岁时跳河自杀，大部分遗产由他继承。他 21 岁时进入哥廷根大学（Gottingen University）医学院，但次年即转入哲学院，攻读康德、亚里士多德、柏拉图等大哲学家的学说，25 岁取得耶拿大学哲学博士学位。叔本华认为人都是自私利己的，但在现实生活中却无法获得满足，因而使他产生“人生痛苦”的悲观哲学。他与另一德国哲学家黑格尔同年代，但极度反对黑格尔的想法。两人曾同时任教于柏林大学，他还自负地将课程安排在同一时段，但因为选他课的学生远少于选黑格尔课的学生，他愤而离职。

酝酿五年之后，30 岁的叔本华出版了代表作《作为意志与表象的世界》一书，歌德与尼采看过后都赞不绝口。但当时他的作品并未获得太多注意，一直到他去世前一年该书第三次印刷，坊间才开始有较广泛的讨论。本书以生动的文笔，深入的想法与敏锐的观察，一语道破了人生的真相与宇宙的奥妙，成为哲学史上的巨著之一。

金句补给站 ▶ 对于愿意利用时间的人，时间会为他停留够久。

——达·芬奇，意大利艺术巨匠

“Time stays long enough for anyone who will use it.”

— Leonardo da Vinci

成就由小事开始

“我很想完成伟大而高贵的工作，但我目前的主要任务是要把小工作当成伟大而高贵的工作来完成。”

Helen Keller

——海伦·凯勒

“I long to accomplish a great and noble task, but it is my chief duty to accomplish small tasks as if they were great and noble.”

海伦·凯勒（1880 ~ 1968）是作家、教育家，从小因病明、失聪，但她以坚强的意志创造生命奇迹，不但完成大学学业，也成为精通英、法、德、拉丁、希腊等语言的作家和教育家。海伦·凯勒生平共有十四部著作，包括《海伦·凯勒传》（*The Story of My Life*）、《黑暗中的光》（*Light in my Darkness*）、《老师》（*Teacher*）等。

海伦·凯勒出生于美国阿拉巴马州北部，出生时健康活泼，却在 19 个月大时生了大病发高烧，因而失去了视觉与听觉，自此陷入无声、无光亮的幽暗世界中。接着，她又失去了语言表达能力。海伦·凯勒出事后，父母开始事事顺着她，造成她刁蛮任性又乖戾的性格，一直到她 6 岁时安妮·苏利文（Anne Sullivan）老师出现，情况才有所转变。

苏利文当时 20 岁，本身也是半失明，是麻州一所盲人学校的老师。苏利文征得海伦双亲同意，把她隔离在一个小房间，教好她的坏脾气。其后她以冷水注于海伦手上，然后在海伦手上写出 water 一词，开始教她认字。10 岁时，通过触碰别人讲话时的嘴形与声带振动，海伦终于克服万难学会了说话。24 岁那年，她努力完成学业，从雷克利夫学院（Radcliffe College）毕业。海伦在 1903 年出版自传，后来还成为全球知名的演说家。

海伦热爱生活，会骑马、滑雪、下棋，还与苏利文老师共同游历 39 个国家。她在 1915 年成立非营利机构，以预防眼盲为宗旨。光是她残而不废的奋斗精神，就足令健康无碍但浑浑噩噩度日的人们汗颜。

金句补给站 ▶ 大事都是通过完成一连串的小事而达成的。

——凡·高，荷兰后印象派画家

“Great things are done by a series of small things brought together.”

— Vincent van Gogh

循序渐进，一气呵成

“我所解决的每个问题，都会变成一项规则，让我可以用于解决后来碰到的其他问题。”

René Descartes

——勒内·笛卡儿

“Each problem that I solved became a rule which served afterwards to solve other problems.”

笛卡儿（1596 ~ 1650）是 16 世纪法国哲学家、物理学家、数学家，也是西方的“近代哲学之父”，是打下解析几何学基础的人之一。数学上他发明“笛卡儿坐标”，以代数方法解析几何，是现代数学发展的重要里程碑。他的著作有《方法论》《沉思录》等。

笛卡儿出生于法国的贵族家庭，从小体弱多病，特别获准较晚起床上学，他凭此大量阅读书籍，养成阅读与思考的习惯。在法国普瓦捷（Poitiers）大学取得法律学位后，他曾在欧洲四处游历，还在荷兰入过伍，历练人生。32 岁后他长年定居荷兰，在那儿写下自己的多数著作。

笛卡儿一有问题，必定提出质疑，他主张以“怀疑”求证知识是否可靠，也就是“大胆假设，小心求证”。他认为，为得到真理，每个人做任何事都必须从怀疑开始，包括怀疑自己的存在。他因而有“我思，故我在”（I think, therefore I am）这么一句名言。

笛卡儿也主张心物二元论，认为“心灵世界与物质世界由不同法则支配，也需要不同方法研究”。他的宇宙观认为上帝无需亲自干预物质世界每天的运作。后来牛顿据此建立自己的宇宙观：上帝创造天地后，世界就可以根据自然规律自行运作。在物理学方面，笛卡儿对折射定律提出理论证据，也设计了矫正视力的透镜。他也发现“动量守恒”的概念，并在天文学上提出太阳涡流（Solar Vortex），说明行星绕太阳公转和彗星出没的机制。

笛卡儿的这句话让我们知道，不要看不起微不足道的小问题，因为每个解决掉的问题，以及解决它的过程，都可能成为日后解决其他问题的经验或教训。

金句补给站 ▶ 有好头脑还不够，重要的是你怎么善用它。

——勒内·笛卡儿

“It is not enough to have a good mind; the main thing is to use it well.”

—Ren é Descartes

分清卓越与胜利

“努力把事做好与努力要击败别人是两码事。卓越与胜利是不同的概念，也是不同的体验。”

Stephen Covey

——史蒂芬·柯维

“Trying to do well and trying to beat others are two different things. Excellence and victory are conceptually different and are experienced differently.”

柯维（1932 ~ 2012）是美国企业管理顾问、畅销励志书作家，擅长教人处理人际关系、个人管理、家庭关系管理等技巧，为富兰克林柯维公司前联合主席。柯维的代表作《高能效人士的七个习惯》（*The Seven Habits of Highly Effective People*）一书出版于1989年，至今已在全球销售逾1500万册。其他作品包括《高能效家庭的七个习惯》（*The 7 Habits of Highly Effective Families*）、《领导者准则》（*Principle Centered Leadership*）、《生活中的七个习惯》（*Living the 7 Habits*），以及他与人合著的《要事第一》（*First Things First*）等。《时代》杂志曾评选他为最有影响力的25位美国人之一。

柯维出生于美国犹他州盐湖城，是哈佛大学工商管理学硕士，杨百翰大学博士。他在《高能效人士的七个习惯》中指出，成功人士有七项习惯，包括“操之在我”“确立目标”“掌握重点”“利人利己”“设身处地”“集思广益”以及“均衡发展”。他以此鼓励读者探索自我，通过个人的内在修为，激发出力量以改变自己的外在行为。2004年，柯维又推出新书《第八个习惯》（*The 8th Habit: From Effectiveness to Greatness*），要读者“发现内在的声音，找到自身的热情与价值”，让个人、家庭以及所属组织，都能通过实践而突破困局、向上提升。2008年，柯维成立在线学习社群，通过网站持续传播他的领导理念与想法。2012年，柯维不幸因车祸意外过世。

柯维这句话提醒我们，卓越与胜利是两个不同的概念，需要不同的资源与技巧。我们务必先自行定义清楚，到底“卓越”是自己要的成功，还是“胜利”，再据以选择合适的方法与路径达成。

金句补给站 ▶ 要赢并不表示非得有人输不可。

——史蒂芬·柯维，美国管理学大师

“To win does not mean somebody else has to lose.”

— Stephen Covey

小输换大赢

“有时候你输掉一场战役反而能找到赢得整场战争的新方法。”

Donald Trump

——唐纳德·川普

“Sometimes by losing a battle you find a new way to win the war.”

川普（1946 ~ ）是纽约房地产大亨，也是川普集团（Trump Organization）首席执行官，以高超的交际手腕、丰富的人脉、独到的眼光与精明的头脑著称。

川普出生于纽约，有德国与苏格兰血统，父亲就是成功的不动产商，因此从小耳濡目染。他曾就读纽约军事学院，后来进入宾州大学华顿商学院，取得经济学学士学位。他曾跟随父亲做事五年，后来自行闯荡。1980 年完工的纽约凯悦大饭店是他事业的里程碑，他重金礼聘名建筑师设计新颖亮丽的外观，至今该饭店仍门庭若市。1982 年他在纽约第五大道盖了 68 层的川普大厦，为高收入者提供宽敞办公室、精品商店及豪华公寓。其后，他又在纽约曼哈顿兴建数栋以川普为名的摩天大楼，并跨足赌场行业。1990 年，全球经济衰退，房地产不景气，他负债高达 9 亿美元，濒临破产。但通过赌场与饭店等事业的经营，他又咸鱼翻身，再度成为富豪。

2004 年起，川普自己制作真人秀节目《谁是接班人》（*The Apprentice*），每周在 NBC 电视台播出一次，由十多位参赛者分成两队，每周指定项目或任务由双方竞争，赢者有赏，输者开除一人，如此进行 13 周后剩下 4 人，他再亲自刷掉两人，由最后两人进行超艰难任务的挑战。最后获得胜利者就可以在他旗下的一家公司担任要职，领美元六位数的年薪。节目本身就像大型的面试表演一样，既吸引观众收看，也为他找到优秀人才。

一场战争可能有无数战役，如果输掉一场战役所获得的经验、知识或启发，能造就日后更多场战役乃至于整场战争的胜利，当然值得。

金句补给站 ▶ 赢家的特质中有一部分是要知道何时该收手。有时你必须放弃争斗、离开现场，着手进行另一件更有效益的计划。

——唐纳德·川普，川普集团执行长

"Part of being a winner is knowing when enough is enough. Sometimes you have to give up the fight and walk away, and move on to something that's more productive."

—Donald Trump

勿本末倒置

“我看过一些执着于竞争的公司，因为不断盯着后视镜看，结果撞上大树。”

Sergey Brin

——谢尔盖·布林

“I've seen companies so obsessed with competition that they keep looking in their rearview mirror and crash into a tree.”

布林（1973 ~ ）是网络搜索引擎公司 Google 的两位创办人之一，目前也是该公司技术总裁。他与博士班同学拉里·佩奇（Larry Page）在 1998 年共同创办的 Google，现在是全球最多人使用的网络搜索引擎，也是全球最受欢迎的五大网站之一。在 2013 年《福布斯》杂志公布的“全球富豪排行榜”中，布林以 244 亿美元的身价名列第 14 位。

布林出生于莫斯科，在马里兰大学取得数学和信息科学的学士学位后，又到斯坦福大学取得信息科学硕士，在博士班结识了同学佩奇。后来两人合作的搜索引擎计划有了成果，便中断博士学位课程，一起创办、发展与经营 Google。

Google 的首页以干净为特色，只有页面正中央用于输入关键字的搜索框。Google 采取不同于别人的计算法则与分类方式，让使用者更精准找到自己想要的信息。Google 的股票在 2004 年 9 月公开上市，目前其股票市场总值已逾千亿美元。根据 2012 年的记录，Google 公司光在美国的营收已达 81 亿美元，同年，《财富》杂志将 Google 公司选为最适合工作的企业。

驾驶汽车时，后视镜是必须注意的地方之一。但如果只一味盯着后视镜而疏于盯住最重要的“正前方”，很快就会撞上大树。既然“前进”是最重要的目标，就应该先把精力放在这里，不应本末倒置。无论是个人还是企业，太执着于竞争厮杀，只看现在而不管未来，将很难有所成就。

金句补给站 ▶ Google 有一句真言：不做邪恶的事。也就是要尽我们的可能为使用者、为客户、为每个人做到最好。

——拉里·佩奇，Google 共同创办人

“We have a mantra: don't be evil, which is to do the best things we know how for our users, for our customers, for everyone.”

— Larry Page

成功无秘诀

“成功无秘诀，它是准备、努力与从失败中学习的结果。”

Colin L. Powell

——科林·鲍威尔

“There are no secrets to success. It is the result of preparation, hard work and learning from failure.”

鲍威尔（1937 ~）是美国前国务卿，也是美国前总统老布什在位时的参谋总长，指挥美军将伊拉克赶出科威特，晋升四星上将。克林顿上任时即邀请他担任国务卿，但他婉拒；在小布什成为总统后，他才接受提名成为国务卿，于 2005 年辞职，由国家安全顾问黑人女性赖斯接任。鲍威尔著有自传《我的美国之路》（*My American Journey*）。美国《新闻周刊》（*Newsweek*）杂志曾誉他为"全美最受推崇的公共人物"。

鲍威尔出生于美国纽约市哈林区，父母是牙买加移民，他毕业于纽约市立学院，在校时加入预官训练，越战时期曾两度前往越南参战。1971 年，他取得乔治•华盛顿大学 MBA，隔年成为白宫访问学者，于美国前总统里根在位时获任命为国家安全顾问。1991 年第一次海湾战争爆发时，他是当时的美国总统老布什（George Bush）的参谋总长，指挥联军速战速决获胜。1993 年他退役后从事公益活动，关怀弱势青少年。2001 年美国总统小布什上任后，他获任命为美国国务卿，也是美国史上第一位非裔美籍的国务卿，一直担任到 2005 年辞职为止。

很多人都想知道成功的秘诀，都想抄捷径，却不知道成功来自于准备、努力以及从失败经验中学习。如果能把处心积虑寻求秘诀的时间拿来做好准备、拿来努力，可能也就不需要什么成功秘诀了。

金句补给站 ▶ 幸运就是"准备"与"机会"相遇时发生的事。

——塞尼加，罗马哲学家

"Luck is what happens when preparation meets opportunity."

— Seneca

先学走再学飞

“重要工作通常会交到那些已证明自己能完成简单工作的人手上。”

Ralph Waldo Emerson

——拉尔夫·沃尔多·爱默生

“Big jobs usually go to the men who prove their ability to outgrow small ones.”

爱默生（1803 ~ 1882）是19世纪美国哲学家、作家、演说家、诗人以及励志先驱，以博学多识著称，尤其擅长散文。他毕业于哈佛大学神学院，曾任牧师，也是超现实主义（或称超验主义，Transcendentalism）代表人物，强调人的价值，主张人应该相信自己内心的想法、重视直觉、反抗权威。他的作品有《论自然》（*Nature*）、《论文集》（*Essays*）等。

爱默生出生于美国马萨诸塞州的波士顿，家族自曾祖父时便是牧师。他8岁丧父，14岁就进入哈佛大学神学院就读。毕业后他当过短暂的牧师，但由于不赞成教派中的教义而放弃神职，开始到处旅行与演说。1836年，33岁的他出版《论自然》一书，认为人与大自然密不可分，只要多与大自然接触取得和谐，就能快乐。隔年他又以《美国学者》（*The American Scholar*）为题发表演说，抨击拜金主义，强调人的价值，并号召国人发扬民族自尊心，不要一味追随外国学说，轰动一时。

爱默生是超现实主义的首要倡导者，他认为人可以凭直觉认识真理，因此他反对威权、主张解放个性，只要人人倾听自己内心的声音，就可以超越教会的繁文缛节，借由自身的明心见性上达天听。

怀有大志是成功的必要条件之一，但如果“只想做大事，不屑做小事”，可能就会落得眼高手低、不切实际的下场了。先证明自己能做好小事，从中磨炼与学习，大事自然就会交到你手上，成功也就离你更近一步了。

金句补给站 ▶ 肤浅者相信好运；坚强者相信因果。

——拉尔夫·沃尔多·爱默生

“Shallow men believe in luck; strong men believe in cause and effect.”

— Ralph Waldo Emerson

CHAPTER 5

迎向成功的试炼：
面对挫折，迎向挑战，适应变化

我们不能寄望大海会自己平静下来，必须学会在狂风中驶船。人类最大的弱点在于放弃，成功最真切的方法，是经常多试一次。

能调整自己去适应环境、克服环境障碍的人，就能脱颖而出。

凸显个人价值

“我们必须随时与众不同，才能让自己无可替代。”

Coco Chanel

——可可·香奈儿

In order to be irreplaceable,one must always be different.

可可·香奈儿（1883 ~ 1971）是法国名牌香奈儿（Chanel）的创办人，也是 20 世纪时尚潮流领导者之一。她主张自由随兴的搭配，将女性从束腹等旧有产物中解放出来，兴起时装界革命。克里斯汀·迪奥（Christian Dior）、华伦天奴（Valentino）、圣罗兰（Saint Laurent）等名牌的设计师中，也有不少人受到她的影响。《时代》杂志票选她为 20 世纪最有影响力的百大人物之一。

可可·香奈儿出生于法国小镇索米尔（Saumur），本名是加布里埃·邦贺·香奈儿（Gabrielle Bonheur Chanel）。她六岁时丧母，五个小孩被父亲丢给亲戚照顾，后来还待过孤儿院。她曾在巴黎的圆厅咖啡馆（La Rotonde）驻唱，有一首她常唱的歌叫 *Qui qu'a vu Coco*（《谁看到 Coco？》），她因而有了“可可·香奈儿”的称呼。

1910 年，她开了女用帽子店，后来又拓展到服装界。她设计的短裙与随兴服装穿来轻松，有别于过去几十年来的束腹、长裙等装扮。虽然有保守女性批评她，却也愈来愈多人认同她。1921 年，香奈儿推出连玛丽莲·梦露也爱用的“香奈儿五号香水”，成为第一款以设计师名字命名的香水，也大幅提升了香奈儿的影响力。香奈儿的女装、女表、珠宝、皮件、饰品、配件、香水等产品，都继承了她的精神，持续领导全球时尚。

从自己的穿着到设计，可可·香奈儿处处展现出她与众不同之处，最后让香奈儿晋升一流品牌之林。身处企业的员工也一样，如果别人不懂的你知道，别人不做的你来接，别人卡住的你解决了，自然就凸显出自己的价值与珍贵。

金句补给站 ▶ 别怕自己的意见太怪异。所有目前广为接受的想法，当初都很怪异。

——伯特兰·罗素，英国哲学家、数学家

“Do not fear to be eccentric in opinion, for every opinion now accepted was once eccentric.”

— Bertrand Russell

承认错误，奋勇再战

“在你创新时，有时你会犯一些错。最好的做法是很快承认错误，然后继续着手把其他创新改善得更好。”

Steve Jobs

——史蒂夫·乔布斯

“Sometimes when you innovate, you make mistakes. It is best to admit them quickly, and get on with improving your other innovations.”

乔布斯（1955 ~ 2011）是苹果公司创办人、前首席执行官，皮克斯动画董事长、前首席执行官。他借助八位元的“Apple II”计算机推广“个人计算机”概念，将图形使用者界面与鼠标应用于麦金塔计算机，奠下个人计算机的基本元素。

乔布斯从小就被未婚生子的生母交由养父母收养，大学只读6个月就休学，21岁创办苹果公司。十年后，公司成为营收20亿美元、员工4000人的企业，他还延揽擅长营销的百事可乐总裁斯卡利（John Sculley）协助经营。后来因双方有歧见，乔布斯在1985年遭公司开除。他在外成立NeXT软件公司和皮克斯动画，推出全球首部全计算机动画电影《玩具总动员》（*Toy Story*）。苹果于1997年买下NeXT后，乔布斯又回到苹果，并于隔年重新成为首席执行官。2006年，迪士尼宣布换股收购皮克斯，让乔布斯一跃成为迪士尼最大个人股东和董事会成员。

乔布斯在2001年推出数码音乐播放器iPod，后又有iPod mini及iPod nano等变化机种。不仅如此，他所推出的Mac、iPad及iPhone，让苹果成为数码时代的指标性品牌。乔布斯被誉为当代数码科技娱乐产品的缔造者，七次登上《时代》杂志封面。在和癌症缠斗八年后，乔布斯于2011年辞世。他在硅谷的传奇人生为世人带来许多影响与启发，其生命历程被撰写为畅销书《乔布斯传》，并于2013年拍成电影《乔布斯》。乔布斯在别人眼中一向是“怪人”“狂人”，在iPod mini热卖之时，他却决定用iPod nano取代，以一波接一波的新产品抵挡竞争对手的攻势。

我们有时会因为不甘心而在已无胜算的战场中打转，反而疏于为仍有机会获胜的其他战场派遣援军。放掉该放的，集中资源于希望较大的领域，也是一种成功之道。

金句补给站 ▶ 一旦我们明白人类对事物的理解总是有其不完美之处，那么犯错就没什么好丢脸的，丢脸只在于你未能修正错误。

——乔治·索罗斯，股票投资者

“Once we realize that imperfect understanding is the human condition there is no shame in being wrong, only in failing to correct our mistakes.”

— George Soros

累积成功的能量

“每记好球都让我更接近下一支全垒打。”

Babe Ruth

——贝比·鲁斯

“Every strike brings me closer to the next home run.”

鲁斯（1895 ~ 1948）是美国职棒大联盟名人榜上的传奇人物之一，他是在 1929 年 8 月 11 日完成大联盟 500 支全垒打的，是最早达成此纪录的选手。截至 2005 年底，他以职棒生涯 714 支全垒打的成绩在大联盟全垒打王排行榜上位居第二，仅次于另一位全垒打王汉克·亚伦（Hank Aaron）的 755 支。不过鲁斯在 1935 年退役时，是在 8399 个打数中打出 714 支全垒打，汉克·亚伦退役时则是在 12364 个打数中打出 755 支全垒打，就比例而言，鲁斯或许是更为传奇的代表性人物。

鲁斯锁定以全垒打抢分的强攻打法，是以往的职棒竞赛中所未见的。1920 年被红袜队卖给扬基队的鲁斯，以他的长程火炮，让以往通过累积短程安打稳实取分的棒球有了不一样的面貌，他带入了刺激职棒的新观念。特别的是，为了打出这 714 支全垒打，鲁斯也被投手三振了 1330 次之多。每一记好球，每一次三振，都为他累积全垒打的动力。

对打击者而言，每增加一个好球，可能就会让他有更多“下一球必须打击出去”的压力，较无经验的打击者容易产生焦躁的情绪，结果挥棒落空。不过正如鲁斯所言，每一记好球，都可能让他更接近下一支的全垒打。只要打击者能沉着选球，慎重出棒，不因好球数的增加而慌乱的话，下一个正中下怀的球，就可能是一记又高又远的全垒打。

金句补给站 ▶ 要登高峰，一开始必须放慢速度。

——威廉·莎士比亚，英国戏剧家

“To climb steep hills requires slow pace at first.”

— William Shakespeare

成就非关运气

“许多我们认为是出于运气的成就，其实根本都和运气无关，而是因为我们能把握每天、承担责任、迈向未来。”

Howard Schultz

——霍华德·舒尔茨

“A lot of what we ascribe to luck is not luck at all. It's seizing the day and accepting responsibility for your future.”

舒尔茨（1953 ~ ）是星巴克（Starbucks）董事长，他把原本局限于美国西雅图的星巴克带入全球市场，建立不同以往的新咖啡文化。2001 年，舒尔茨曾获选为美国《商业周刊》的二十五大企业经理人之一，2003 年至 2005 年，星巴克连续三年获选为《财富》杂志的十大最受尊敬企业之一，并被誉为 20 世纪 90 年代成长最快的企业之一。

舒尔茨出生于纽约布鲁克林区，毕业于北密歇根大学传播系，曾任职于欧化厨具公司。他在 1982 年加入在西雅图已成立 11 年的星巴克，但当时公司只卖高档咖啡豆。其后舒尔茨到意大利参加商展，爱上意式咖啡吧那种舒服与亲切的感觉，回国后希望让星巴克转型经营。由于创办人不认同，他只好离开星巴克，自行创办连锁咖啡店。1987 年，他买下星巴克股份后，才把自己的店面重新命名为星巴克，展开拓店行动。席卷美国后，星巴克于 1996 年在东京银座开了第一家海外分店。截至 2006 年 2 月，星巴克在全球已有超过 2.62 万家直营分店，以及近 4600 家合资与加盟店。

舒尔茨把星巴克定位为消费者除了家与公司之外的“第三个去处”（The Third Place），希望消费者在星巴克能享受轻松自在的气氛与时光。他格外重视员工，以“伙伴”（partners）一词相称，提供他们较全面的医疗保险与股票选择权。他也给员工完善的教育培训，让他们成为推广星巴克经验的亲善大使。

舒尔茨这句话告诉我们，一些我们单纯归功于“好运”的成果，其实都是即知即行、负责任与勇敢前行的结果。如果背后没有这些踏实因素存在，就不会有带来成就的好运。

金句补给站 ▶ 成功并非由谁来给你，你必须自己去赢来。

——霍华德·舒尔茨

“Success is not an entitlement. It has to be earned.”

— Howard Schultz

胜利是累积的成果

“一场仗你可能得打不止一次才能赢得最后胜利。”

Margaret Thatcher

——撒切尔夫人

“You may have to fight a battle more than once to win it.”

撒切尔夫人（1925 ~ 2013）是英国政治家，于 1979 年至 1990 年间担任英国首相，是英国第一位女首相，也是在位最久的首相。由于冷战时期她的立场强硬，俄国《真理报》（*Pravda*）因而送她"铁娘子"（Iron Lady）的称号。《时代》杂志票选她为 20 世纪百大人物之一。

撒切尔出生于英格兰林肯郡，毕业于牛津大学萨莫维尔学院（Somerville College）化学系，但对法律与政治一向有兴趣。她曾竞选议员失利，婚后中止化学研究全心投入政治。1959 年，她成功为保守党赢得下议院席次，并在首相爱德华·希思（Edward Heath）在位时担任过内阁成员。在保守党接连输掉两次大选后，她代表党内极保守的右派势力挺身挑战希思，并于 1975 年拉下希思，成为保守党首位女性党魁，旋即在 1979 年赢得大选，当上首相。

当选后，撒切尔随即采行"新自由主义"，认为市场机制将带来一切的"善"，政府干预将导致一切的"恶"，因此她一方面采取减税、减少政府支出、控制货币供给等措施抑制通货膨胀；一方面将社会福利政策纳入劳动政策，弥补劳动市场的低工资，试图降低资本家的生产成本，并增加就业。

撒切尔早期曾在诺贝尔奖得主霍吉金斯（Dorothy Hodgkins）指导下研究化学，日后她就以此化学背景与知识，带领英国呼吁全球禁用破坏臭氧层的氟氯碳化合物，获得共鸣。

金句补给站 ▶ 如果你在某一天结束前感到极其满足，那这一天你一定不是闲晃着度过，什么事也没做，而是你有许多事要做，而且你都做完了。

——撒切尔夫人，英国政治家

"Look at a day when you are supremely satisfied at the end. It's not a day when you lounge around doing nothing; it's when you've had everything to do, and you've done it."

— Margaret Thatcher

勇于尝试，不怕没成果

“如果我有一千个点子而只有一个有好成果，我就满意了。”

Alfred Bernhard Nobel

——阿尔弗雷德·伯纳德·诺贝尔

“If I have a thousand ideas and only one turns out to be good, I am satisfied.”

诺贝尔（1833 ~ 1896）是瑞典化学家、机械工程师、和平主义者。诺贝尔奖（Nobel Prize）是在 1901 年根据他的遗愿，由诺贝尔委员会设立的。当时共有物理、化学、生理学或医学、文学以及和平等五个奖项。“经济学奖”原本是 1968 年瑞典中央银行为庆祝成立 300 周年出资创设的“瑞典中央银行纪念诺贝尔经济学奖”，后来才一并加入诺贝尔奖。

诺贝尔出生于瑞典斯德哥尔摩，父亲曾到俄国经营军用机械工厂，他因而开始研究化学、机械、物理等知识。30 岁那年，他发明硝化甘油，引爆雷管，取得硝化甘油炸药的专利。隔年，他的工厂却发生意外，炸死了五个人，包括他的小弟在内。于是他想研究把硝化甘油变成固体的方法，以提高安全度，最后发明了用硅藻土混合硝化甘油而成的“黄色炸药”，在 1871 年被运用在普法战争中。自此，诺贝尔不断研究出更多种类的炸药，也因此致富，在去世之时留下大笔遗产成立基金会，并运用利息作为颁发诺贝尔奖之用。

诺贝尔研究炸药原本是希望用于人类的福祉（如开发土地与铁路、挖山洞），别有用心之人却用于战争，使他痛心。或许是出于愧疚，再加上受到所喜爱的英国诗人雪莱（P. B. Shelly）诗中追求世界和平的博爱思想影响，他才会想创设和平奖。诺贝尔谦称一千个点子只要有一个有成果就心满意足，那么他毕生的 350 项专利，可不知道是多少点子下的产物了。只要多思考、多尝试、多设想，哪天，我们或许也能在历经多次失败后，像诺贝尔一样，让特别突出的想法开花结果。

金句补给站 ▶ 我并没有失败。我只是发现一万种行不通的方法。

——汤马森·爱迪生，美国发明家

"I have not failed. I just found 10,000 ways that don't work."

—Thomas A. Edison

自己的路自己开

“别跟着道路走到它带你去的地方，要挑没路的地方走，走出一道小径来。”

George Bernard Shaw

——萧伯纳

“Do not follow where the path may lead. Go instead where there is no path and leave a trail.”

萧伯纳（1856 ~ 1950）是爱尔兰剧作家、小说家、音乐评论家与社会主义者，也是 1925 年的诺贝尔文学奖得主。他的作品与英国文豪莎士比亚一样，经常在英语系的剧场演出。萧伯纳共写过 47 部剧作，包括《卖花女》（*Pygmalion*）、《人与超人》（*Man and Superman*）、《圣女贞德》（*Saint Joan*）等。

萧伯纳出生于爱尔兰都柏林，小时候家里很穷，父母在他 15 岁时离异。移居伦敦的他为养活自己，开始写音乐评论文章投稿。由于常遭退稿，他转而撰写小说，但写了五本都没人愿意出版。一直到 30 岁那年，他才终于出版第一本小说。虽然大卖，但他的小说生涯也没有再继续。在他转而撰写戏剧评论文章后，有感于当时的戏剧鲜有佳作，他才自己跳进来写，渐渐崭露头角。

萧伯纳雄辩滔滔，以谈吐风趣与讽刺著称。曾有个很仰慕他的女演员主动向他求婚说："如果我们结合，将来的孩子有像你一样聪明的头脑，以及像我这样美貌，就太好了。"萧伯纳不喜欢她，回绝道："不好吧！如果孩子头脑像你，容貌像我，那就糟了！"

《卖花女》是萧伯纳的喜剧名著，叙述一位语言学教授在伦敦街头找了个粗鲁的卖花女，对她进行语言训练，使她成为谈吐高雅的贵妇。后来该剧改编为《窈窕淑女》（*My Fair Lady*）在百老汇上演，并于 1964 年改编为奥黛丽·赫本主演的电影。从音乐评论、戏剧评论、小说到剧作，萧伯纳以他亲身的探索，成功开出了一条属于自己的道路。没人走过的荒山野岭，或许正是开出小路、通往康庄的好地方。

金句补给站 ▶ 就算别人说一件事做不到，也阻止不了那些正在努力做的人。

——萧伯纳，爱尔兰剧作家

"People who say it cannot be done should not interrupt those who are doing it."

— George Bernard Shaw

横逆造就力量

“你的力量并不来自于获胜，而是你的奋斗过程发展出来的。当你克服横逆，坚决不投降，那就是力量。”

Arnold Schwarzenegger

——阿诺·施瓦辛格

"Strength does not come from winning. Your struggles develop your strengths. When you go through hardships and decide not to surrender, that is strength."

阿诺（1947 ~ ）是美国知名动作片明星，后转换跑道从政，在 2003 年 10 月代表共和党当选为补选的美国加州州长。阿诺出身奥地利的贫寒家庭，曾从事健美运动十余年，1984 年因《终结者》（*The Terminator*）里的电子生化人一角走红，同系列续集还有 1991 年的《终结者 2》（*Judgement Day*）、2003 年的《终结者 3》（*Rise of the Machines*），其他作品则包括《幼儿园特警》（*Kindergarten Cop*）、《第六日》（*The 6th Day*）、《最后的动作英雄》（*Last Action Hero*）等。

2003 年，由于加州前任州长无力控制预算，使加州负债累累，因而遭到罢免，阿诺在同年参与补选，挟其明星知名度、英雄形象，以及他所提出的“加州经济改革方案”等政见，击败一百余名补选对手，囊括近四成八的选票而当选加州州长，2006 年又以 55.9% 的支持率获选州长，并于 2011 年底结束任期。

阿诺原本是在健美比赛常胜的健美先生，自 18 岁到 33 岁共参加二十余次健美比赛，只有三次是第二名，其他全部夺冠。这样的优异成绩绝不是全靠“运气”，而是他个人努力锻炼保持的成果。小时候的他体弱多病，但他勤于运动，反而获得健美方面的成就。

退出健美运动拍电影时，还未红的阿诺曾向地方报的体育记者表示，自己将成为好莱坞最卖座的电影明星。对方忍住笑问他要怎么做到，阿诺回答，“我总是先设想自己要成为什么样的人，然后把它当成事实一样去生活”。个人愿景的设定，以及其后努力克服障碍实现它的过程，造就了在各个领域都充满力量、都出人头地的阿诺。

金句补给站 ▶ 成就的价值来自于追求成就的过程。

——阿尔伯特·爱因斯坦，理论物理学家

“The value of achievement lies in the achieving.”

— Albert Einstein

黑暗，就自己点蜡烛

“我们不能寄望大海会自己平静下来。我们必须学会在狂风中驶船。”

Aristotle Onassis

——亚里士多德·奥纳西斯

“We must free ourselves of the hope that the sea will ever rest. We must learn to sail in high winds.”

奥纳西斯（1900 ~ 1975）是希腊海运业大亨，旗下油轮与货轮船队的规模巨大，有“希腊船王”称号。

奥纳西斯出生于鄂图曼帝国的士麦那（Smyrna，现土耳其的伊兹密尔 Izmir），家里原本经营烟草生意，一战后，希腊曾暂时占领该地数年，土耳其成立后又夺回该地，全家家当尽失，只好以难民身份跑到希腊去。企图心强烈的奥纳西斯在阿根廷振兴了家族的烟草事业，后来就做起运输贸易来。1957 年，他曾经从希腊政府手中买来倒闭的航空公司，命名为“奥林匹克航空公司”（Olympic Airways，现改名为 Olympic Airlines）。公司在他的悉心经营下，有了不错的成绩。但在 1973 年奥纳西斯的儿子亚历山大因飞机事故意外死亡后，船王将公司所有股票卖回给希腊政府，后来这家公司又重新成为希腊的国营航空公司。

金钱与女人是奥纳西斯生命中最重要的事物。首次婚姻失败后，他曾与歌剧名伶玛丽亚·卡拉斯（Maria Callas）结婚，但日后为了与美国总统肯尼迪遗孀杰奎琳·肯尼迪（Jacqueline Kennedy）结婚，他又与卡拉斯离婚。他曾表示，“若世上没有了女人，所有金钱就会失去意义”。上世纪 30 年代全球大萧条时，他逆向操作，以 12 万美元买下原价 200 万美元的六艘商船，后来一跃成为海上霸主。接着，他又从事石油运输的买卖，在他的近 50 艘油轮中，有十几艘是 20 万吨以上的超级油轮。1973 年时，他已有逾 300 万吨的商船吨位，使他“希腊船王”的名号不胫而走。奥纳西斯这句名言，正反映出他远走他乡拼出一片天的精神。

金句补给站 ▶ 最黑暗的时候，正是我们必须积极找寻光明的时候。

——亚里士多德·奥纳西斯，希腊海运业大亨

“It is during our darkest moments that we must focus to see the light.”

— Aristotle Onassis

多试一次

“我们最大的弱点在于放弃。成功最真切的方法，是经常多试一次。”

Thomas A. Edison

——托马斯·爱迪生

“Our greatest weakness lies in giving up. The most certain way to succeed is always to try just one more time.”

托马斯·爱迪生（1847 ~ 1931），美国大发明家，幼时担任铁路报童，后成为电报局夜间的报务员，白天则潜心从事研究，催生出电灯等千余件发明，为自己赢得“发明大王”称号。

爱迪生于1847年2月11日出生于美国中西部俄亥俄州（Ohio）的米兰镇（Milan）。一直到爱迪生于1931年10月18日去世，享年84岁为止，他共拥有（包括与人共享）1093项专利，其中第一项专利是1868年的电子投票纪录器，而影响人类生活最深远的有留声机（1877年）、电灯（1879年）、电影摄影机（1891年）、蓄电池（1909年）等。爱迪生除了千余件有专利的发明外，还有许多自认为用途不广，但认为应与大家分享而没申请专利的发明。爱迪生在1878年创办的“爱迪生电灯公司”，是现今美国制造业大厂通用电气（General Electric）的前身。连汽车大王福特，都曾经在该公司担任过总工程师。

身为发明大王，爱迪生依然不忘强调“多试一次”对于成功的重要性。这点从爱迪生另一句大家耳熟能详的名言也看得出来，“天才就是百分之一的灵感再加上百分之九十九的努力”。即使你有再好的灵感，也不可能一步登天。若没有那百分之九十九的努力，失败了就直接放弃而不再试一次，恐怕再怎么有灵感、再怎么有想法的人，也难以有成就吧！

金句补给站 ▶ 天才就是百分之一的灵感再加上百分之九十九的努力。

——托马斯·爱迪生，美国发明家

“Genius is one percent inspiration and ninety-nine percent perspiration.”

—Thomas A. Edison

要吃苦，趁年轻

“年轻是致富的最佳时机，也是贫困的最佳时机。”

Euripides

——欧里庇得斯

“Youth is the best time to be rich, and the best time to be poor.”

欧里庇得斯（前 480 年 ~ 前 406 年）是希腊悲剧作家，与索福克勒斯（Sophocles）、埃斯库罗斯（Aeschylus）合称“希腊三大悲剧作家”。他的作品共 90 余篇，目前残留着有《美狄亚》（*Medea*）、《特洛伊妇女》（*Trojan Women*）等 17 篇悲剧，以及一篇戏谑嘲讽的撒特剧《独眼巨人》（*Cyclops*）。

欧里庇得斯出生于雅典城邦的黄金时期，据说家境不错，让他得以和同时代的苏格拉底等伟大思想家有所接触。他的剧本常因戏剧结构不完美为人诟病，但却以人物心理描写备受赞赏，特别是家庭矛盾与女性心理，例如《美狄亚》一剧就是描述美狄亚过去因爱而叛国杀弟，后遇丈夫变心另娶，最后手刃两名亲生子女报复的故事。《独眼巨人》一剧则描写奥德修斯（Odysseus）在特洛伊一战后返乡时迷航，在某处碰上居住于该地的独眼巨人所发生的故事。

相对于另一位悲剧作家索福克勒斯把笔下的悲剧英雄写成“他们应当如此”（they ought to be），常出于一时的愤怒或误解，造成无法收拾、令人悔恨的后果，欧里庇得斯则把笔下人物描写成“他们本是如此”（as they are）。此外与另外两大悲剧作家强调“神明万能、主宰一切”不同，他作品中的神祇经常出于私心拯救凡人，这形同一种他对于希腊传统英雄的批评与否定。

欧里庇得斯这句话不无道理：年轻时固然可能因努力而很快致富，但年轻时若能体会贫困的难受，日后一旦致富，才更懂得珍惜。

金句补给站 ▶ 成功不是永不失败，而是每次失败都能再站起来。

——强纳生·泰勒·汤玛士，美国男演员

“Success is not in never failing, but rising every time you fall.”

— Jonathan Taylor Thomas

忍耐的果实最甜

“忍耐很苦，但它的果实很甜。”

Jean-Jacques Rousseau

——让—雅克·卢梭

“Patience is bitter, but its fruit is sweet.”

卢梭（1712 ~ 1778）是 18 世纪法国知名思想家、教育家、文学家，是法国启蒙运动代表人物。其政治思想影响法国大革命、社会主义理论的形成，以及国家主义的诞生。卢梭一生共有 47 部作品，包括《社会契约论》（*The Social Contract*）、谈儿童教育的《爱弥儿》（*Emile*）、自传《忏悔录》（*Confessions*）等。

卢梭出生于瑞士日内瓦，祖先原为法国人，因受宗教迫害而流亡到日内瓦。母亲生下他两周后就去世，父亲也在他 10 岁时与人争执而逃离日内瓦，卢梭顿成孤儿。他当过书记员与雕刻学徒，曾以演奏维生，也当过法国驻威尼斯大使的助理。其间他自习了笛卡儿等哲学家的作品，以及数学、史地、天文等知识。

1762 年，卢梭出版《社会契约论》，以“主权在民”论点对抗“君权神授”，认为“人民的权利是生而自由平等的”，后来延伸为法国大革命的口号“自由、平等、博爱”，也影响了法国大革命的《人权宣言》以及美国独立时的《独立宣言》。卢梭对儿童教育的具体看法存在于小说《爱弥儿》中，他认为应该给孩童自然发展的空间，不要干预或禁止，也不要太急，要依照心智年龄来教育。书中将爱弥儿的教育分为四期，分别是婴儿期（0 ~ 2 岁）、儿童期（3 ~ 12 岁）、青年前期（12 ~ 15 岁）、青年期（15 ~ 20 岁），各有发展重点与注意事项。由于《社会契约论》与《爱弥儿》对现实的批判，他受到当政者迫害，逃离法国。在自传《忏悔录》中，卢梭则告解自己早年荒诞不经，窃盗、械斗等坏事都曾参与的生活。

金句补给站 ▶ 最迟给予承诺的人，是最忠于执行承诺的人。

——让 – 雅克 · 卢梭

“Those that are most slow in making a promise are the most faithful in the performance of it.”

—Jean –Jacques Rousseau

化阻碍为能量

“那些没能击倒我的，只会让我更坚强。”

Friedrich Nietzsche

——弗里德里希·尼采

“What does not destroy me, makes me stronger.”

尼采（1844 ~ 1900）是德国哲学家，提倡“超人哲学”与“反基督精神”，对 20 世纪的哲学与文学影响深远。他的作品有《悲剧的诞生》（*The Birth of Tragedy*）、《查拉图斯特拉如是说》（*Thus Spoke Zarathustra*）、《快乐的知识》（*The Joyful Wisdom*）、《瓦格纳事件》（*The Case of Wagner*）等。

尼采出生于普鲁士，父亲是传教士，在他 5 岁时就过世，他是由外婆与未婚的姑姑们带大的。中学时，尼采开始写诗与创作音乐。大学时他主修古典语言学，并于 23 岁时到巴塞尔大学担任古典语言学教授，一直到 35 岁才因病辞去大学教授一职，专事写作。

尼采的思想受到 19 世纪德国悲观主义哲学家叔本华的影响，早年也受 24 岁时结识的歌剧作曲大家瓦格纳（Richard Wagner）作品影响。他的第一部作品是 28 岁时出版的《悲剧的诞生》，书中他鲜明地自述立场，对传统哲学正式表达攻击与不满。

尼采自己认为《查拉图斯特拉如是说》是他的代表作，书中宣告“上帝已死”，否定基督教原有的道德规范。他倡导“超人哲学”，认为“生命的本质是不断的超越”，人们应该忘记世俗的制约、超越社会的禁锢，自己决定存在的价值。1889 年，尼采在跌倒后精神失常，此后大部分时间在精神病院度过，终至去世。尼采反传统、反基督的想法，让许多思想家与哲学家大受冲击。或许是习惯于接受外界的不同眼光，他才会认为“那些没能击倒我的，只会让我更坚强”吧！

金句补给站 ▶ 成功就是调整自己的努力来因应阻碍，以及调整自己的能力以满足其他人需要的服务。

——亨利·福特，福特汽车公司创始人

“Success is a matter of adjusting one's efforts to obstacles and one's abilities to a service needed by others.”

— Henry Ford

成功的另一条路

“企业有两种，一种是努力要让收费更高，一种是努力要让收费更低。我们是第二种。”

Jeff Bezos

——杰夫·贝佐斯

"There are two kinds of companies, those that work to try to charge more and those that work to charge less. We will be the second."

贝佐斯（1964 ~ ）是亚马逊网络书店（Amazon.com）创办人，也是现任董事会主席兼 CEO，有“电子商务之父”称号。1999 年《时代》杂志曾票选他为年度风云人物。2005 年，《财富》杂志也票选他为 25 位最有影响力的企业领导人之一。他经营的亚马逊书店目前有书、音乐、DVD、玩具、礼品等数百万种商品，2014 年度，亚马逊全年营收已近 890 亿美元。

贝佐斯出生于美国新墨西哥州，毕业于普林斯顿大学，在校专攻电机工程与信息科学。毕业后，他曾担任避险基金公司的金融分析师，升迁至资深副总裁。在很多人还搞不懂“网际网络”的 1994 年，他辞去高薪职位，以 30 万美元筹备电子商务先驱“亚马逊网络书店”，并于隔年 7 月起在网上卖书。1998 年，该公司每年已有 5 亿美元的营业额。

贝佐斯曾推出“购物满一定金额免运费”的策略，成功刺激订单激增。公司虽因而必须负担更多运费，但只要每笔交易都有微薄利润，依然值得。2003 年，亚马逊网络书店终于首度开始获利，证明贝佐斯构想的商业模式是可行的，也彻底破除了 2000 年网络泡沫时，雷曼兄弟投资公司所讲的，亚马逊会在 2001 年倒闭的预言。

通过经营的有效化而让收费更低，不见得就赚不到钱；相对的，若借此以更实惠的价格以及更与众不同的体验吸引更多消费者前来捧场，“薄利多销”累积起来的财富，可能远比高单价、低销售额来得多。

金句补给站 ▶ 企业的品牌就像人的声誉一样，你的声誉是通过把困难事情做好而赢来的。

—— 杰夫·贝佐斯，亚马逊网络书店创办人

“A brand for a company is like a reputation for a person. You earn reputation by trying to do hard things well.”

— Jeff Bezos

多方设想，破除难题

“没有任何难题能承受得住不懈的思考攻势。”

Voltaire

——伏尔泰

“No problem can withstand the assault of sustained thinking.”

伏尔泰（1694 ～ 1778）是 18 世纪法国启蒙运动的小说家、诗人、剧作家、哲学家，文笔以精练见长，是将近代自由与科学思想发扬光大的关键人物。他对理性、自由、人权有强烈的信仰，因作品多讥讽时政，曾两次进出法国巴士底监狱，还被流放到英国。后人认为他对于宗教、政府等制度的批判想法，是促成法国大革命发生的因素之一。他的作品有《憨第德》（*Candide*）、《哲学通信》（*Letters on the English*）、《哲学辞典》（*Philosophical Dictionary*）等。

伏尔泰本名佛朗索瓦·马利·阿鲁埃（Francois-Marie Arouet），出生于法国巴黎，父亲是律师，家里是富裕的资产阶级。中学毕业后，父亲送他去学法律，但他只想当个捍卫真理的诗人，伏尔泰是他的笔名。小时候的他性格内向而弱不禁风，但头脑却十分敏捷。23 岁时，他就因创作讽刺诗攻击宫廷的淫乱生活而被捕入狱。

1726 年到 1729 年，他避居英国，潜心考察英国政治、哲学和自然科学，并于 1733 年出版第一本哲学论著《哲学书简》，抨击当时的法国体制，引起当政者不满。除出版商与书籍全数遭殃外，他也逃到国外流亡十多年。1759 年，他花了三天时间写出第一本讽刺小说《憨第德》，借由爱上男爵女儿而被逐出家门流浪、挫折不断的主角憨第德，嘲弄当时受尽欺瞒的乐天主义者。伏尔泰以幽默的讽刺笔法不断带给 18 世纪的人们先进的思想，掀起了影响全欧洲甚至全世界的启蒙运动。面对再怎么困难的问题，只要肯用心发动全面性的思考攻势，先假设各种可能性、再从各种角度切入问题，难题都大有机会可以迎刃而解。

金句补给站 ▶ 避开你的惰性，它是一种会自己黏着在最亮眼金属上的锈。

——伏尔泰，法国小说家

"Shun idleness. It is a rust that attaches itself to the most brilliant of metals."

— Voltaire

困难中见潜力

“有骨气的人会认为困难有特别的魅力，因为面对困难你才能发挥自己的潜力。”

Charles de Gaulle

——夏尔·戴高乐

“A man of character finds a special attractiveness in difficulty, since it is only by coming to grips with difficulty that he can realize his potentialities.”

戴高乐（1890 ~ 1970）是法国前总统，第二次世界大战时法国政府屈于希特勒淫威，他毅然以中阶军官身份领导抗德活动。战后他直接挑战当时的美国霸权，带领法国走上别具风格的外交路线。他的作品有《剑锋》（*The Edge of The Sword*）、《战争回忆录》（*The Complete War Memoirs of Charles de Gaulle*）、《希望回忆录》（*Memoirs of Hope:Renewal and Endeavor*）等。

戴高乐生于法国北部，父亲是教会学校老师。自圣希尔军校（Saint-Cyr）毕业后，戴高乐曾参与第一次世界大战，并在战后协助波兰对抗苏联军队，成果斐然。返国后，他回到圣希尔担任教官，并继续深造军事知识。第二次世界大战爆发后，他获任命为第五军团参谋部坦克军队临时指挥官，后晋升将军。1940 年，德国入侵，法国战败，向德国提出停战要求，傀儡政府因而成立。他逃到英国，通过英国广播公司 BBC 向法国人民宣誓自己捍卫法国的决心，并在伦敦成立流亡政府。1944 年，盟军部队攻入法国，戴高乐返回巴黎建立临时政府，但战后旋即辞去大位。1947 年起，他耗费十多年心血完成《战争回忆录》一书，内容从第二次世界大战爆发到其辞职为止，包括先后出版的“唤回荣耀”“迈向统一”和“完成救赎”等三卷。

1958 年，法国殖民地阿尔及利亚发生政变，法国总统任命戴高乐为首相处理此事。当年他制定新宪，开第二次世界大战后双首长制之先河，自己则在 1959 年当选法国总统。1965 年，他再次当选总统。1968 年，他所推动的政治改革以 100 万票之差遭公民投票否决，他因而毅然隐退，辞去总统大位。他在法国有难时发挥自身能力救国，却又能不贪恋权位的做法，使他成为法国人民钦敬的人物之一。

金句补给站 ▶ 你的脚步必须要快速而有适应力，策略才不会失去它的作用。

——夏尔·戴高乐，法国前总统

“You have to be fast on your feet and adaptive or else a strategy is useless.”

— Charles de Gaulle

宁败不屈

“被对手摆平的人还能再起，
投降而躺平的人永远爬不起来。”

Thomas J. Watson

——托马斯·沃森

“A man flattened by an opponent can get up again. A man flattened by conformity stays down for good.”

沃森（1874 ~ 1956）是美国企业家，也是 IBM 公司创办人，他是发展会计与计算机设备的先驱者。在 IBM 的 42 年间，他让 IBM 在全球成为电动打字机与资料处理设备的大公司。

沃森出生于美国纽约州，18 岁时担任簿记员，后来从事销售钢琴与缝纫机的工作。21 岁时，他到全国收款机公司（National Cash Register）担任业务员，由于表现出色，后来升为销售经理。在那儿沃森常鼓励部属“多想想”（Think），因为“缺乏思考让全世界损失数百万美元”。后来他到 IBM 时，这个词也成为公司的座右铭。

1914 年，40 岁的他进入 IBM 的前身“计算—制表—纪录”公司（Computing-Tabulating-Recording）担任总经理，隔年成为总裁。这家公司成立于 1911 年，由三家制造办公用品的小公司合并而成，生产打孔卡片表列系统。沃森很着重研发、工程以及教育客户，他相信这可以确保公司成长。他也是最早提供员工广泛福利的经理人之一，包括医疗、退休金、保险等等。第二次世界大战时，他还发给在前线作战的员工原工资的四分之一，希望他们战后再回来服务。沃森倡导“通过国际贸易促进国际和平”，曾于 1937 年获选为国际商会总裁。

1924 年，沃森将公司名称变更为“国际商业机器”（International Business Machine），也就是现在的名称 IBM。他很尊重销售人员，注重对他们的激励。1950 年代初期，全美有九成的电动制表机是由 IBM 出租的。沃森去世时，IBM 已有逾 6 亿美元资产，市场覆盖全球 82 个国家。

金句补给站 ▶ 真正的大人物会谦恭有礼、为人着想而慷慨——不只是在某些情境下对某些人如此而已，而是无时无刻不对每个人都如此。

——托马斯·沃森，IBM 公司创办人

“Really big people are, above everything else, courteous, considerate and generous-not just to some people in some circumstances-but to everyone all the time.”

— Thomas J. Watson

不要直接放弃

“‘努力过后而失败’与‘未经尝试而失败’不可相提并论。”

Francis Bacon

——弗朗西斯科·培根

“There is no comparison between that which is lost by not succeeding and that which is lost by not trying.”

培根（1561 ~ 1626）是英国唯物主义哲学家、散文家、政治家，他是近代归纳法的创始人，曾受封爵士，并担任英王掌玺官与大法官，著有《学术的进展》（*The Advancement of Learning*）、《随笔集》（*Essays*）、《新大西岛》（*The New Atlantis*）等书。

培根出生于英国伦敦一个贵族家庭，父亲是爵士，担任英王的掌玺官。他在 12 岁进入剑桥大学三一学院就读，后担任英国驻法大使的随员，在 18 岁父亲去世时辞职回国。同年他开始攻读法学，在 20 岁时取得律师资格。1603 年，42 岁的他受封为爵士，并于 1617 年成为与父亲一样的掌玺官，同年又成为大法官。后来他被检举受贿并认罪辞职，从此在家专事写作。

培根在重要著作《学术的进展》一书中批判了贬损知识的蒙昧主义，并从宗教、国家、社会发展、个人德行等方面论证知识的重要作用与价值。他有一句大家常用的名言“知识就是力量”（Knowledge is power.），正由此而来。培根也是归纳法的倡导者，他认为要获得真正的知识，就必须收集相关资料，通过分析、比较、研究、归类等过程，归纳出一套原理或原则。

努力过后而失败，至少还让我们知道错在哪里、自己的能耐到哪里，总能够调整步伐再前进；未经尝试而失败，却是直接放弃成功的机会，可就真的是彻头彻尾的失败了。

金句补给站 ▶ 别怕失败。如果是因为充分原因才造成失败，你是比过去更接近成功的。

——亨利·沃德·比彻，19 世纪名传道人

"Do not be afraid of defeat. You are never so near to victory when defeated in a good cause."

— Henry Ward Beecher

适者生存

“能生存的既非最强壮的物种，亦非最聪明的物种，而是最能适应变化的物种。”

Charles Darwin

——查尔斯·达尔文

“It is not the strongest of the species that survive, nor the most intelligent, but the one most responsive to change.”

达尔文（1809 ~ 1882）是19世纪英国生物学家，也是“进化论”奠基人，著有《物种起源》（*The Origin of Species*）、《小猎犬号之旅》（*A Naturalist's Voyage Round the World in HMS Beagle*）、《人类的由来》（*The Descent of Man*）等作品。

达尔文出生于英国，祖父是科学家和医生，父亲也是名医，舅舅则是英国皇家学会的成员，可谓出身名门世家。小时候他热衷采集植物与昆虫，对拉丁文、希腊语等科目不感兴趣，因此成绩不甚理想。在启蒙老师鼓励与介绍下，22岁的他跟随英国皇家小猎犬号（HMS Beagle）出航5年，获得关于各地动植物与地质的丰沛知识。后来他整理旅程中的资料，写成《小猎犬号之旅》一书，一跃而成当时的顶尖科学家。途中他在东太平洋的加拉贝哥群岛发现同种鸟类出现不同形状的鸟嘴，也成了启发他日后主张进化论的契机。

1859年，他发表掀起生物界革命的《物种起源》一书，认为所有物种都是从共同的祖先演化而来的，但彼此略有差异。在“天择”（也就是环境压力）机制下，只有能适应的个体才会存活与繁衍。这套想法就是后来生物学上知名的“进化论”，但受到当时天主教、基督教等人士的严厉抨击。

“适者生存”是生物界的重要法则，身为万物灵长的人类也是如此。面对环境的变化，能调整自己适应环境、克服环境障碍的人，就能脱颖而出，成为最后的幸存者。固守己见、一成不变的人，就只有淹没于历史的洪流之中了。无论在生活、工作或追求成功上，都是如此。

金句补给站 ▶ 创业家总会找寻变动、因应变动，把变动当成自己的机会。

——彼得·德鲁克，现代管理学大师

“The entrepreneur always searches for change, responds to it, and exploits it as an opportunity.”

— Peter F. Drucker

瀚·心灵系列图书推荐

英国心理自助畅销书作家史蒂芬·瑞查得带你走进自己的心灵花园……

心灵修复与心灵成长译丛

《宽恕和爱：如何治愈情感脆弱的自己》

（英）史蒂芬·瑞查得 著

窦春霞 程慧 译

海天出版社 出版时间：2014.11

定 价：28.00 元

在生活中，你会对别人首先发出友好信号，首先点头，首先微笑，首先说话吗？如果有必要，你会首先去宽恕吗？

英国心理自助畅销书作家史蒂芬·瑞查得带你走进自己的心灵花园……

漫步于记忆之旅，让大脑带我们回到尽可能久远的岁月，从婴儿时期一直回忆到现在。漫步于宽恕的花园之中，采撷一朵宽恕之花，宽恕你曾经所做的一切。当你漫步在当下时，请彻底地宽恕你整个一生并对手中采到的花束嫣然一笑，因为它真的很美丽。就像其他所有人一样，无论是男人还是女人，黑人还是白人，年轻人还是老年人，你会很自然地犯错。这些错误便是你的学校，宽恕就是这所学校中最好的老师。

瀚·心灵系列图书推荐 ▸▸▸

★ 全美销量超过 100000 册 ★

24 小时，24 个阶段，完美实现命运逆袭

你期待的生活离你现在只有 24 小时之遥

这里有明确的、实操性极强的观点，这里有充满正能量的故事，它们将帮你指明通往期望之地的捷径。你准备好了吗？

心灵修复与心灵成长译丛

《命运逆袭：改变命运的 24 小时》

（美）吉姆·亨特里斯，（美）尼尔·埃斯科林 著
程慧 李冠群 译

海天出版社 出版时间：2014.11

定 价：32.00 元

改变命运的关键在于第一步——下定决心。只要下定了决心，一切皆有可能。也许下定决心只需要短暂一刻，但是它会影响你终身。

本书通过有效实际的建议和鼓舞人心的案例，告诉你如何抓住生命的无限可能。在 24 小时中，你将会：

制定切实的目标
摒弃你的坏习惯
提升你的自尊心
控制你的焦虑和恐惧
增强你的进取心
妙用时间与金钱
为卓越与正直而努力
开发你的幽默感与热忱度
实现每天自我审视
……

作者简介：

吉姆·亨特里斯，在北卡罗来纳州大学研究生院从事心理治疗与训练工作，他不仅是一个心理辅导员，同时也是一位公众演说家，曾著《逃跑：来自生活最大陷阱的自由》。

尼尔·埃斯科林，杰出的励志演说家和畅销书作家，曾著《你生活在一个说“不”的世界》《当你不知道该做什么的时候，就该做点什么》《坚持的 101 个承诺》。

瀚·心灵

瀚·心灵系列图书推荐

国内第一部详细介绍大脑恢复力的专著：正念 · 移情 · 大脑恢复力

★ 18 位知名大学心理学博士兼作家隆重推荐 ★

《强势回归：重建大脑恢复力，抵达幸福彼岸》

（美）琳达· 格雷厄姆　著

王云霞　译

海天出版社　出版时间：2014.11

定 价：45.00 元

在一本书上市之前称之为经典有点为时过早，但《强势回归》已经具备了成为经典的一切要素：富于智慧、慈悲为怀、对生活有益、实用性强并且研究充分翔实。

—— 丹尼尔· 艾伦伯格，博士，美国航天局心理治疗项目主管

在这本书中，琳达· 格雷厄姆用清晰、易懂的语言，综合现代心理学的观点、古老的传统智慧以及神经生物学的原理告诉读者如何变得更像竹子一样柔韧坚强。全书引用了鼓舞人心的语句，列举了循序渐进的系列练习，融入了作者多年从事心理治疗的职业经验，帮助人们走出悲伤和失望情绪，活得更丰富、更快乐、更充实。

—— 罗纳德 · D · 西格尔，博士，

哈佛大学医学院临床心理学助理教授，《正念解决方案：日常问题每日练》作者

无论我到哪里、服务什么样的人群，我发现滋养恢复力来抵消日常生活的紧张压力是我们的首要任务。因此我感谢琳达· 格雷厄姆，她写的这本书就像编织了一幅令人惊奇的“挂毯”，她陈列了经受时间考验的思考和练习，把这些融入日常生活对我们至关重要。《强势回归》是一份资源指南，我将珍惜并期待传递给我的所有学生、客户和进修老师。

—— 理查德· 米勒，博士，美国临床心理学家和综合修复协会会长

《强势回归》是一本发自内心的全方位指南，指导你如何利用思维意识来改变你的大脑，与此同时，你会体验到奇妙的不断向上的幸福感。

—— 卡桑德拉· 菲藤，博士，思维科学研究所的执行主任、加州太平洋医疗中心研究所研究员、《生活在心灵深处》一书合著者，《初为人母与正念练习》作者

作 者 简 介

琳达 · 格雷厄姆，婚姻与家庭治疗师，心理治疗师，正念培训老师，神经科学和人际关系学专家。她还出版了电子快讯月刊《治疗与唤醒活力》。

更多详情可登录：http://lindagraham-mft.net

名家
心灵小语
系列

名家
心灵小语
系列